U0384867

# 现代农业种植与经济

马彩凤　何爱珍　范建立　著

吉林科学技术出版社

图书在版编目（CIP）数据

现代农业种植与经济 / 马彩凤，何爱珍，范建立著
. -- 长春：吉林科学技术出版社, 2022.12
　ISBN 978-7-5744-0083-2

　Ⅰ. ①现… Ⅱ. ①马… ②何… ③范… Ⅲ. ①种植业
－农业技术－无污染技术②农业生态经济 Ⅳ. ①S3
②F30

中国版本图书馆 CIP 数据核字(2022)第 244328 号

# 现代农业种植与经济

　　　著　马彩凤　何爱珍　范建立
出 版 人　宛　霞
责任编辑　杨超然
封面设计　正思工作室
制　　版　林忠平
幅面尺寸　185mm×260mm
开　　本　16
字　　数　285 千字
印　　张　12.5
印　　数　1－1500 册
版　　次　2023年8月第1版
印　　次　2023年10月第1次印刷

出　　版　吉林科学技术出版社
发　　行　吉林科学技术出版社
地　　址　长春市福祉大路5788号
邮　　编　130118
发行部电话/传真　0431-81629529 81629530 81629531
　　　　　　　　　　　81629532 81629533 81629534
储运部电话　0431-86059116
编辑部电话　0431-81629518
印　　刷　廊坊市印艺阁数字科技有限公司

书　　号　ISBN 978-7-5744-0083-2
定　　价　100.00元

# 编委会

# 前　言

　　农业技术推广为我国经济快速发展，粮食增产增收做出了突出的贡献。面对现有已取得的成绩，我们下一步要巩固现有成果，同时，拓宽渠道，大力发挥农业技术推广的作用，为我国粮食增产，新农村建设，农村稳定做出贡献！

　　我国不断加大农业建设投入，为农业科技发展提供便利条件，建立了现代化农业科技推广模式，一定程度上促进了农业发展水平的提高。但我国农业科技推广与发达国家相比仍然存在差距，我国农业科技推广模式仍然没有落到实处，为此需要国家扩大农业科技推广含义，制定完善监督管理机制，从法律法规上提升农业科技推广水平，提升推广工作人员专业素质，与现代信息技术相结合，加强农业科技实际应用能力。建设新型农业科技推广模式，为农业现代化发展提供条件，促进农业科技普及，达到节约农业资源、缓解水资源压力、提高农业生产效率、降低生产成本，促进整体农业生产经营向着现代化、科技化方向发展，为经济效益提升提供保证。

　　总之，要加快我国稳定发展，农业是保障，我们要坚定不移地大力推广现代农业技术，相信，只要我们以技术为指导，坚持科学发展观，把农业技术推广和创新理念有机结合，我们的新农村建必将取得成功！

　　对于农业科技推广我国高度重视，因此本书主要从农业推广的方式方法、农业科技创新发展、农业科技成果推广三个方面进行讲解，并且加入"互联网+"的部分，展开说明对现代农业前景的展望。

# 前 言

# 目录

第一章 农业机械化概述 ·········································001

    第一节 农业机械化概念及内涵 ·····················001

    第二节 农业机械化的基本特征 ·····················004

    第三节 农业机械化发展的地位和作用 ···········006

第二章 农业机械化生产的基本概念与管理 ·········011

    第一节 机组、作业工艺、机器系统 ···············011

    第二节 土地产出率、劳动生产率及农业机器作业生产率等 ·····017

    第三节 农业机械化管理 ·····························019

    第四节 农业机器的选型配备和更新 ·············020

第三章 播种机械的维护技术 ·····························026

    第一节 概述 ···········································026

    第二节 传统播种机的维护技术 ·····················028

    第三节 机械式精量铺膜播种机的维护技术 ·····030

    第四节 气吸式精量铺膜播种机的维护技术 ·····034

    第五节 马铃薯施肥种植机的维护技术 ···········039

    第六节 旱地膜上自动移栽机的维护技术 ·········043

    第七节 辣椒移栽机械的维护技术 ·················044

第四章 地膜覆盖机械使用与维护 ·····················047

    第一节 种类与用途 ·································047

    第二节 机构与工作过程 ·····························048

第五章 植保机械使用与维护 ·····························054

    第一节 人力喷雾器 ·································054

    第二节 机动喷雾机 ·································056

    第三节 东方红18型背负式机动弥雾喷粉机 ···068

    第四节 WFB18型超低量喷雾机 ·················069

第六章 联合收割机的使用与维护 ·····················073

    第一节 收获机械的分类和特点 ·····················073

第二节　水稻联合收割机的使用与维护 ┄┄┄┄┄┄┄┄┄┄ 074

第三节　谷物联合收割机的使用与维护 ┄┄┄┄┄┄┄┄┄┄ 085

第四节　玉米果穗联合收割机的使用与维护 ┄┄┄┄┄┄┄ 105

## 第七章　节水灌溉机械的维护技术 ┄┄┄┄┄┄┄┄┄┄┄┄┄ 113

第一节　概述 ┄┄┄┄┄┄┄┄┄┄┄┄┄┄┄┄┄┄┄┄┄┄┄ 113

第二节　灌溉首部机电设备安装 ┄┄┄┄┄┄┄┄┄┄┄┄┄┄ 115

第三节　农用水泵的构造与工作原理 ┄┄┄┄┄┄┄┄┄┄┄ 125

第四节　喷灌与微灌技术 ┄┄┄┄┄┄┄┄┄┄┄┄┄┄┄┄┄ 128

第五节　水泵的维护技术 ┄┄┄┄┄┄┄┄┄┄┄┄┄┄┄┄┄ 130

第六节　膜下滴灌机械铺膜播种简介 ┄┄┄┄┄┄┄┄┄┄┄ 131

## 第八章　新时期我国农业经济创新发展的形势分析 ┄┄┄┄ 135

第一节　农业农村发展面临的新形势 ┄┄┄┄┄┄┄┄┄┄┄ 135

第二节　科技创新在农业农村发展中的战略地位 ┄┄┄┄┄ 141

第三节　我国农业科技创新的方法需求 ┄┄┄┄┄┄┄┄┄┄ 145

## 第九章　农业经济推广保障机制创新 ┄┄┄┄┄┄┄┄┄┄┄ 160

第一节　加强基础设施建设 ┄┄┄┄┄┄┄┄┄┄┄┄┄┄┄┄ 160

第二节　完备的法律保障体系 ┄┄┄┄┄┄┄┄┄┄┄┄┄┄┄ 161

第三节　投入保障机制创新 ┄┄┄┄┄┄┄┄┄┄┄┄┄┄┄┄ 162

第四节　激励约束机制创新 ┄┄┄┄┄┄┄┄┄┄┄┄┄┄┄┄ 165

第五节　培育新型农民 ┄┄┄┄┄┄┄┄┄┄┄┄┄┄┄┄┄┄ 167

第六节　我国高校农业科技推广创新探索 ┄┄┄┄┄┄┄┄┄ 167

## 第十章　"互联网+"现代农业前景展望 ┄┄┄┄┄┄┄┄┄┄ 180

第一节　"互联网+"现代农业发展迎来重大战略机遇 ┄┄┄ 180

第二节　"互联网+"现代农业发展面临的挑战 ┄┄┄┄┄┄┄ 183

第三节　"互联网+"现代农业发展应对措施 ┄┄┄┄┄┄┄┄ 186

## 参考文献 ┄┄┄┄┄┄┄┄┄┄┄┄┄┄┄┄┄┄┄┄┄┄┄┄┄┄ 191

# 第一章　农业机械化概述

农业机械化代表先进的农业生产力,是农业现代化的重要组成部分并且起着决定性的作用。机械化必然推动农业现代化的发展。本章将对农业机械化的内容进行详细的阐述。

## 第一节　农业机械化概念及内涵

### 一、农业机械化的定义

农业机械化有着广泛、复杂的内容,对农业机械化的定义曾有各种不同的提法,如农业机械化是"用机器进行农业生产活动的过程",农业机械化是"农业机器的设计、制造、鉴定、推广、使用、维修、管理各环节的总称",以及农业机械化"包括种植业、养殖业、加工业,贯穿产前、产中、产后服务的全过程"等。应该说这些提法阐述了农业机械化的不同特征、不同方面,有助于说明不同问题,如强调农业机械化不仅包括种植业,还有养殖业、加工业等,不要局限在某一方面,或强调不仅在产中,也要注意产前、产后等,但作为反映本质的定义似乎还不够确切。

现在一般较易接受的定义是:"用机器逐步代替人、畜力进行农业生产的技术改造和经济发展的过程"。

农业机械化的内涵或工作内容,因所处层次不同而异。政府的行政主管或综合管理部门对要不要发展农业机械化以及它的作用与地位的研究,这是第1个层次;在高层农业机械化管理和研究部门,研究如何发展农业机械化,制定战略、方针、政策,这是第2个层次;在机务管理部门和生产单位,研究如何具体实施,如何取得更好的效益,这是第3个层次;对于机务人员,其主要工作是如何使用、维护、保养机器等,这是第4个层次。这4个层次的工作都是农业机械化,但不同层次的内涵大不相同。

### 二、农业机械的基本内容

现代的农业生产包含了种植业、养殖业、加工业、运输业等多种行业和产前、产中、产后等多个环节。从广义上来讲,用于农业生产的机械设备统称为农业机械。也就是说,农业机械化就是用机器来进行农业生产的各项作业,用于农业生产方面的动力机械和配套机具都属于农业机械的范畴。

因此,农业机械就包括动力机械和作业机械两部分。动力机械如内燃机、拖拉机、电动机等为作业机械提供动力而作业机械即为配套农机具,如土壤耕作机械、播种机械、灌溉设备、收获机械、脱粒机械等则直接完成农业生产中的各项作业。二者以牵引、悬挂、半悬挂等方式相连接成为机组,或直接制造成为一个整体,如谷物联合收获机等。

## 三、农业机械在农业生产中的作用

1.保证农业增产措施的实现,实现农业增产增收。

利用农机耕作可提高单位面积产量,追赶农时,节约种子用量。

2.抵御自然灾害,减少农业生产损失。

我国农业自然灾害如旱灾、涝灾、病虫害、低温冷灾等频繁发生,只有利用农机才能有效抵御自然灾害,减少农业损失。如用水泵排除洪涝、用节水灌溉设备防御旱灾,用植保机械防治病虫害等等。

3.提高劳动生产率

利用农业机械,一个农业劳动力每天的生产效率可以比用人力畜力多几倍甚至几十倍。

4.降低农业生产成本。

由于使用农业机械,保证了增产措施的实现,抵御了自然灾害,便能大幅度的增加农副产品的产量。同时,由于提高了劳动生产率,使工资成本大大降低。农副产品质量的提高,也相应地降低了生产成本。但应注意的是,如果农机质量不好,可靠性差,又不配套,造价很高、使用管理不善等,在农产品价格较低和农业劳动力报酬较低的情况下,反而会增加成本。

5.减轻劳动生产强度和改善劳动条件。

现代的农业机械已逐步根据人体工程学的研究,相应设计出适用于操作者健康、安全、舒适的配套设备。比如,有些拖拉机和联合收获机具有防尘、防噪音、防疲劳的设备,类似轿车的驾驶员座椅,舒适可调;驾驶室有空调设备;支柱坚强的驾驶室能保证安全操作、避免伤亡事故;并对农机具作业建立了电子监测、监视、计算机核算、自动调节和警报系统等。

## 四、农业工程

农业的发展离不开农业工程技术的发展。随着工程技术水平的提高、经济能力的增强,农业生产的范围与水平就会不断地扩大和提高,而农业的发展也会不断地给农业工程技术提出新的课题,促进其发展。

如果说科学的任务是认识客观世界的话,那么工程的任务则在于改造客观世界。人们利用工程技术进行各种生产、经济等活动,使自然资源得以更合理地利用。因此,农业工程的根本作用就是带动人们更加有效合理地利用各种农业资源,促进农业生产力的提高。

现代农业科学技术体系包括农业生命科学、农业工程、农业经济管理三个部分。只有发挥工程技术的综合作用,才能将土壤学、作物学、饲养学、微生物学、病虫害防治与生态学等科学技术转变为现实的农业生产力。所以,概括地讲,农业工程是一门综合性很强的应用技术,农业工程学科是一门沟通工程学科与农业生命学科的边缘学科。

我国明确农业工程为工学门类下属的一级学科,包含农业机械化、农业电气化与自动化、农业机械设计制造、农业水土工程、农村能源工程、农产品加工工程、农业生物环境工程和农业系统工程及管理工程等8个二级学科。我国最先发展的是农田水利与农业机械化。

1.农业工程的概念

所谓的农业工程,就是改善农业生产手段、生态环境和农村生活设施的各种工程技术、工程管理、工程理论的总称。

其任务是密切结合生物技术和经济分析,进行农业生产、农田治理、环境保护和改良以及农村生活和公共设施建设的各项工程规划、设计、施工和运行管理。其目的在于提高农业生产力和发展农村经济。

随着农业和科学技术的发展,农业工程在国民经济和社会发展中越来越占有重要的地位。

2.工厂化农业

工厂化农业是指在相对可控环境条件下,采用工厂化生产,实现集约、高效及可持续发展的现代生产方式。

其主要功能为:增强环境控制能力;提高工业化生产水平;实现集约、高效经营;促进可持续发展。

3.如何评价某地的农业机械化的发展水平

评价某地的农业机械化的发展水平主要有以下几个方面:

(1)农业机械使用普遍程度指标

一般按主要农业机械计算,如使用拖拉机、机耕船、插秧机、收割台式脱粒机占全部农户的比重。

(2)单项作业的机械化程度指标

分两方面：某项作业的机械化程度指标。指某项作业（如耕地、播种等）机械作业量占某项农业总作业量的百分比；某种作物田间作业机械化程度指标：指某种作物整个生产过程中，机械作业量占总作业量的百分比。

作物田间作业机械化程度指标 = 机械作业量/总作业量 × 100%

（3）种植业综合机械化程度指标：指种植业如耕地、播种、插秧、中耕、植保、收获、运输等主要作业的机械化作业量占总作业量的百分比。

种植业综合机械化程度指标 = 主要作业的机械化作业量/总作业量 × 100%

# 第二节　农业机械化的基本特征

我国幅员辽阔，北起寒温带，南至赤道带，国土总面积960 km²，占世界陆地面积1/15，居世界第三位。

从农业自然资源看，我国处于北纬20°~50°的中纬度地带，总体光热条件比较好；水分条件差异大，东南部雨量充沛，西北部干旱少雨；山地多，平地少；水土资源总量大，人均占有量少；人均耕地仅0.1hm²，为世界平均的27%；人均地表水资源2700m³，不足世界平均的1/4。随着人口增加，土地和水源不足的矛盾还将加剧。

从农耕历史看，我国有着几千年精耕细作和传统，积累了丰富的农艺经验，农业生产达到了较高的水平。另一方面，建立在人畜力基础上的传统农业，由于劳动生产率低，农民收入微薄，抗御自然灾害能力弱和不利于新技术推广，而不能适应国家的工业化发展和人民生活水平提高的要求。传统农业需要技术改造，要实现机械化，便是面对广阔的国土和复杂的自然条件，大量劳力需要转移就业，要克服土地细碎的格局，难度大，进展速度不可能很快。这些都影响着我国农业与农业机械化的特点。

## 一、我国农业机械化的特点

1.人多地少，农产品特别是粮食的供给紧张，提高农业单产至关重要，机械化要为提高劳动生产率和土地生产率两个目标服务。目前我国人均耕地0.1hmm²，劳均0.26hmm²左右，从一般意义上说劳力不缺，还有相当富裕劳力。除新疆，黑龙江，内蒙古等边远省区，人少地多、必须靠机械化种地外，大多数省区应该说对机械化要求不迫切。但由于粮食形势严峻，因而与世界上许多国家发展机械化的目标不同，我国发展机械化，不仅要提高劳动生产率，要增加农民收入，还要为提高单位面积产量服务。

2.农户经营面积少，作业地块小，农业机械化必须有适当的经营管理和组织形式。我国户均耕地规模不足半公顷，因种植不同作物需要或分配需要，一户的土地又分成几块，从而形成更为狭小的作业地块。因此我国农机化经营形式，与世界上许多农业机械化发达国家不同，主要是双层经营形式，即农户承包经营土地，乡镇农机站或农机专业户经营农业机械为农户提供有偿的机械作业服务。

3.幅员辽阔,自然和经济条件差异大,决定了我国农业机械化不能按一种模式,或相同速度发展。必须采用因地制宜,分类指导的发展方针。总体看,在发展速度上:人少地多的地区、机械化快于人多地少地区;经济发达地区(大中城市郊区,东部江苏,浙江,山东,广东等沿海地区)、机械化快于西部经济欠发达地区;平原地区机械化快于山区;旱地机械化快于水田地区。

在发展模式上:在经济发达的农村,以乡村集体农场、专业户规模承包加社会化服务的机械化模式较多。在人少地多地区,以机农合一的农场模式较多。而在广大经济欠发达的农村,则以机农分离的双层经营模式较多。

4.人均资源短缺,经济力量薄弱,必须实行节水,节能、节本,保护地力的机械化。水资源短缺已经成为我国经济发展中的大问题,在没有灌溉条件的旱作农区,要发展保水、保土的保护性耕作机械化。在灌溉地区,要发展机械化喷灌、滴灌,代替大水漫灌、减少灌水量,扭转地下水位不断下降的局面,保持水分供需平衡。

## 二、湖北省农业机械化的特点

在农机购置补贴政策的拉动下,我省农业机械装备总量和综合机械化水平有了大幅度提高。从总体上看,我省农业机械化发展已由初级阶段跨入了中级阶段,这是我省农业机械化发展历程中一次历史性跨越。一方面,我省主要农作物耕种收综合机械化水平已跨过40%门槛,另一方面,我省农业劳动力占全社会从业人员的比重已降低到40%。在农业现代化进程中"增机、减人"的趋势不可逆转,对农机装备和农机作业的需求将呈现出刚性增长的态势。

一是农机装备水平持续增长。我省农业机械总动力突破3000万千瓦,达到3057万千瓦,拖拉机突破100万台大关,达到102.7万台,其中大中型拖拉机达到11.7万台,小型拖拉机达到90.8万台。联合收割机达到4.2万台,插秧机达到1.3万台,拖拉机配套农机具达到198.9万部,农机具配套比达到1:1.9;农机固定资产总值达到235亿元。

二是农机作业水平不断提高。全省完成机耕面积6149万亩,机械播种956万亩,其中机械插秧445万亩,机械直播39.3万亩。机械收获3832万亩,其中机收水稻2388万亩,机收小麦1163万亩,机收油菜139万亩,主要农作物耕种收综合机械化水平达到54%,农业运输、排灌机械化水平达到85%以上,机械作业量占大农业总用工量的50%以上,农机化服务收入达40亿元以上,为农民节本增效亩均收入达80元以上。

三是农机化作业领域不断拓宽。农机作业,种类上已由粮食作物向经济作物和设施农业延伸,产业上由种植业向养殖业和农副产品加工业延伸,地域上由平原向山区丘陵地区延伸,功能上由单一作业向多功能延伸。

四是农机安全生产形势保持平稳。全省对新购置的拖拉机、联合收割机等主要农业机械监管面达到90%以上,农机事故发生率控制在1.5%以内,农机事故四项指标与往年相比大幅度下降,去年全省未发生一起重特大农机安全事故。

五是农机化科学发展环境进一步优化。省委省政府将省农机化办调整为副厅级单位,成为此次省级部门机构改革中唯一一家机构升格的单位,彻底扭转了农机管理部门历次遭受机构削弱的状况,为我省农机化科学发展,强化农机化管理提供了坚实的体制保障。同时,随着《农业机械化促进法》《道路交通安全法》《行政许可法》《安全生产法》《道路交通安全法实施条例》《农业机械安全监督管理条例》和《湖北省农业机械化促进条例》等与农机化发展密切相关的法律法规的颁布、宣贯与实施,农机化的法律地位、社会地位也显著提升。

## 第三节　农业机械化发展的地位和作用

现代农业装备是指用于现代农业生产过程的先进农业机械、设备和设施。主要包括:农业田间作业机械、设施农业装备、农产品加工装备、农业生物质利用装备、农田设施与装备、农业信息化装备等。

现代农业装备服务于大农业,包括种植业、养殖业、加工业、服务业等,服务于现代农业生产全过程,包括产前、产中、产后,生产、加工、储运、流通等各个环节,以先进的工业和工程手段促进农业生物的繁育、生长、转化和利用。现代农业装备是建设现代农业的重要物质基础和科技保障,对于促进农业生产和增长方式以及农民生活方式的根本性变革,保护生态环境,高效集约节约使用自然资源和生产要素,实现经济社会可持续发展等方面均有着不可替代的重要作用。

### 一、农业田间作业机械的作用与地位

主要包括耕作机械、播种机械、植保机械、灌溉机械、收获机械、运输机械等机械装备。田间作业机械化是农业机械化的主要内容。

1.农业机械化是改善农民生产条件、增加农业生产效益和转移农村劳动力的必备前提,也是保证我国粮食安全的必需途径。

2.农业机械化作为提高劳动生产率最有效的手段,体现了节本增效的综合效果,实现农业机械化生产可以使劳动生产率比传统农业的劳动生产率几十倍、上百倍地大幅度提高(我国农业劳动生产率只有加拿大的1/108和美国的1/120),可以有效提高种粮农民的效益和收入水平。

3.农业机械化是提高资源利用率,改善生态环境的重要措施。可以有效实现节水、节肥、节种、节药、节能和资源综合利用,降低生产成本。例如:

(1)采用喷灌可以比传统地面灌省水1/3~1/2;

（2）采用精量播种机可比一般播种机省种30%~50%以上；

（3）机械施肥可以使化肥的利用率由传统的人工撒施30%左右提高到60%~80%；

（4）现代喷雾机械可根据探测到的目标实施变量喷雾作业，可节约30%~40%的费用，并减少了对空气和环境的污染；

（5）水稻机械化收获一台联合收割机能替代200多人的作业，可节约成本1 050元$hm^2$，小麦机械化收获较人工收获可降低成本450~500元$hm^2$；

（6）运用农业机械实施秸秆覆盖，既可保水蓄，又能有效地避免秸秆焚烧给环境带来的污染。

（7）机械化保护性耕作技术与传统耕作技术相比，可以降低地表径流60%左右，减少土壤流失80%，减少大风扬沙60%，有效地抑制沙尘暴，保护生态环境。

4.基本实现国家工业化和加快建设现代化，必须加快推进农业机械化。

（1）工业化、城镇化、现代化同步协调发展，需要从农村吸收大批青壮年劳动力；

（2）农村劳动力已经成为促进国家工业化，城镇化、现代化的主力军；

（3）我国整体上正面临劳动力过剩向劳动力结构性短缺阶段转变，工农业生产的劳动成本正快速上涨；

（4）提高农业劳动生产率是缓解人口结构变化对国民经济与农业发展不利影响的根本途径，也是发展现代农业的重要目标。

## 二、设施农业装备的地位与作用

设施农业装备主要包括温室、大棚、畜禽水产养殖设施及其配套的作业与控制机械及装备等。

设施农业是综合集成农业生物技术、农业机械与建筑工程技术、环境控制技术、信息技术和管理技术等多领域科学技术进行集约化的种植业和养殖业生产的新型农业生产方式是现代农业的重要组成部分，是农业先进生产力的典型代表。设施农业装备是进行设施农业生产的基础和前提条件。

1.发展设施农业是保障农产品供应、提高人民生活水平的需要，可实现农产品周年生产或调整、延长生产周期，有效弥补露地生产的不足，在可控环境条件下可以生产出高品质的园艺产品；设施养殖通过集约化生产能够保障提供各种畜禽产品。我国通过设施生产蔬菜，只用20%的菜田面积，提供了40%的蔬菜产量和60%的蔬菜产值。设施养殖业为农民就业和增收发挥了重要作用，我国畜牧业占农业总产值的比重仅为33.69%，发达国家大都在50%以上，高的达80%。高效种养殖业还具有很大的发展潜力。

设施农业在改善和提高我国人民生活水平，优化人们的食品结构，保障和丰富菜篮子和肉蛋奶供应等方面具有十分重要的作用。

2.发展设施农业是调整农业产业结构、增加农民收入的需要

设施园艺产业可以比露地园艺产业的产值提高10倍以上,比大田作物产值提高25倍以上。因此,设施园艺生产经营者可在较小的土地上生产高效益产品,使人均占有耕地面积较少的我国农民得以获得较高收益,为我国农业产业结构调整提供了重要途径;设施养殖可以有效实现粮食就地转化,农产品二次增值,已成为调整农村产业结构,稳定和发展农村经济,增加农民收入的重要措施。

3.发展设施农业是实现资源高效利用、保障食品安全的需要

农业资源短缺和生产环境恶化已经成为制约我国农业发展的瓶颈,发展设施园艺业可以实现各种自然资源的充分高效利用,显著提高水土光热资源利用率、有效提高农产品竞争力和综合生产效益(目前我国700万亩日光温室每年可节约煤炭3.5亿吨,节约资金1000亿元以上,同时也减少了温室加温造成的环境污染);以设施养殖为主的健康养殖方式能够满足环境保护和防疫要求的不断提高,为我国畜禽产品安全提供重要保障。设施农业可以实现资源的综合和循环利用,为农业可持续发展提供有效途径。

4.发展设施农业是发挥我国农业比较优势,参与国际竞争的需要

我国具有劳动力的数量优势,且劳动力成本较低,因此劳动力需求较多的园艺产品和畜禽产品是我国在国际市场最有可能形成竞争力的农产品,大力发展以园艺产品和畜禽产品为主要生产内容的设施农业是我国加入WTO以后参与农产品国际竞争最有效的途径之一。大力发展设施农业,对于保障城乡人民生活、促进农业生产发展、增加农民收入、解决"三农"问题、建设现代农业和建设社会主义新农村具有直接和重要意义。

### 三、农产品加工装备与储藏设施的作用

世界上许多国家,大都把农业装备领域中的农产品加工装备定义为农产品初加工设备。根据农产品加工装备的功能和用途,其基本特征主要在于:一是对农产品进行一次性加工,而没有二次及其以上的加工;二是加工中不涉及对农产品内在成分的改变,即加工中的农产品只发生量的变化而没有质的改变。主要包括农产品烘干、清选、分级、包装等机械;粮油加工机械、棉花加工机械、种子加工机械、饲料加工机械、果蔬加工机械、畜禽产品屠宰与加工机械、水产品加工机械等;储藏设施主要包括各种仓库、冷库、气调库等。

1.发展农产品加工业,可实现农产品多级增值,不仅使农民获得农产品的直接销售收入,还可让农民获得加工与流通环节的利益,对促进农民增收具有重要作用。

2.通过加工储藏还可有效减少产后损失,我国目前粮食因含水量高造成储存损失一般为5%~10%,损失严重的可达15%以上,全国平均损失率为9.7%(发达国家为

2%),每年损失折合人民币高达300亿~600亿元;果蔬损耗达25%~30%(发达国家为5%),年损失水果和蔬菜量为1.76亿吨。

3.农产品产后加工的巨大空间使农民的就业岗位不再局限于土地,为农民在相关第二、第三产业就业开拓了新的渠道,促进了农村富余劳动力的转移。我国农产品加工产值与农业产值的比值每增加0.1个百分点,就可以带动230万人就业,带动农民人均增收193元。

### 四、生物质利用装备的地位与作用

主要包括秸秆固化、气化、液化设备,农业废弃物和能源作物转化利用设备等。如沼气池、发酵设备,生物燃料、生物肥料、生物材料生产设备等。

1.进入21世纪,生物质产业受到了国际社会的广泛关注,许多国家制定了促进生物质产业发展的相关政策,并投入了大量资金用于研究开发和推广应用,生物质产业正成为朝阳产业。

2.在我国发展生物质产业具有深远的意义,不仅有利于解决资源、能源短缺和环境污染问题,更是解决好"三农问题"、加快社会主义新农村建设的战略举措。

3.农业生物质利用将成为体现农业多功能和农民增收的新亮点,为农村开辟了新的经济发展渠道,使农业资源得到高效利用,变废为宝,既可为我国农村劳动力提供新的就业岗位,又增加了农业和农民收入。大力发展农业生物质产业,对于拓展农业内涵,保障国家能源安全,具有重要的现实意义;通过生物质的资源化利用,可以为农村提供清洁能源,改善农村环境,为新农村建设作出贡献。

4.推进生物质产业发展。以生物能源、生物基产品和生物质原料为主要内容的生物质产业,是拓展农业功能、促进资源高效利用的朝阳产业。

(1)加快开发以农作物秸秆为主要原料的生物质燃料、肥料、饲料,启动农作物秸秆生物气化和固化成型燃料试点项目,支持秸秆饲料化利用。

(2)加强生物质产业技术研发、示范、储备和推广,组织实施农林生物质科技工程。

(3)鼓励有条件的地方利用荒山、荒地等资源,发展生物质原料作物种植。

(4)加快制定有利于生物质产业发展的扶持政策。

(5)加快发展农村清洁能源。继续增加农村沼气建设投入,支持有条件的地方开展养殖场大中型沼气建设。在适宜地区积极发展太阳能、风能等清洁能源,加快绿色能源示范县建设。

### 五、农田设施与装备的地位与作用

主要包括农田灌溉设施与施工机械、灌排机械、土地整理机械等。通过农田水利基本建设、中低产田改造、土地整理、地力培肥等措施,可以大大提高土地质量和土地生产力水平、提高农业抗灾能力、提高农业综合生产能力、提高土地集约化水平、提高土地利用率和土地产出率。通过节水灌溉和水资源科学管理与合理利用,有效提高水资源利用率,为实现农业水利化和灌溉水零增长的目标作出贡献。

## 六、农业信息化装备的地位与作用

现代农业信息装备快速应用于农业生物生产过程和农业装备的自动控制与管理,用于农业生产、农业资源、农业环境和灾害监测,用于为农业的市场服务,成为农业科技创新最活跃的领域之一。利用电话网、电视网和电脑网三种信息载体的优势,采用"三电合一"的模式发展农村信息化,建设公共数据库平台,整合农业信息资源,依托农业信息服务体系,开展多样、交互、个性化的农业信息服务等。农业信息装备正在全面改造传统农业,为现代农业提供了新的发展平台。精准农业和设施农业应运而生;智能化、工厂化高效集约型种养业的发展,突破了地域、季节、时空的局限性,显著地提高了对农业生产环境的调控能力。基于信息和知识管理农业生产系统的精细农作新理念,将扩展到精细园艺、精细养殖、精细加工(产前、产后)、精细管理等更为宽广的农业生产和经营领域,从而建立起基于现代信息科学技术基础上的"精细农业"技术体系。

# 第二章 农业机械化生产的基本概念与管理

在科学技术迅速发展的背景之下,农业种植技术获得了新的突破,这为农业的发展提供了有效支持。在这过程中,农业生产模式逐渐由传统手工改变成机械化生产模式,极大程度上提高了农业种植生产效率。本章将对农业机械化生产的基本概念与管理进行阐述。

## 第一节 机组、作业工艺、机器系统

### 一、机组作业的农业质量要求

各种农作物的栽培过程,皆根据地区的生产条件,确定了各个生产环节的具体农业技术要求。农业机械的作业应以满足农业技术要求为前提,保证高产稳产、增产增收。

农业质量指标可分为三类:

表明工作期限的指标如前节所述,农业生产的季节性较强,只有及时耕、种、收,才能获得高产。因此,在农业技术中皆规定了工作期限或各项作业的时间间隔。为了按期完成作业,需要在机具的生产效率、机具的技术状态以及技术组织工作方面给予保证。

表明作业过程中的工艺性指标即根据栽培技术提出的加工对象的具体质量要求,如耕作深度、碎土程度、杂草覆盖情况、除草净度、割茬高度产品的清洁程度等。显然这些质量要求与机具的性能、机具的调整以及操作技术有密切联系。

表明物质消耗量及产品质量上损失度的指标如播种量、施肥量、施药量、种子破碎程度及收获物的损失率等,这些指标很大程度上与机具的调整和操作技术有关。各地区的农业主管部门或者企业都规定了栽培各种作物的具体农业质量要求,农机化工作者不仅要熟悉这些要求,而且要了解影响这些质量指标的有关因素,从而抓住作业工艺中技术组织的各个环节,采取相应的措施来保证,不允许随意用降低农业质量要求的做法,片面求得机组的高效率。

### (一)农用机组

在农业机械化生产中,农业机器主要以机组的形式来运行、作业和管理。

机组是进行机械化农业生产的基本作业单位,它是由发动机、传动机和作业机具三个部分组成的。农业机组种类和型号是非常多的,按不同分类准则有以下几点。

1.根据机组在作业时是否移动的特点,可分为移动式和固定式两种机组。移动式机组作业时加工对象不动,机组向加工对象移动;固定式机组作业时本身不动,加工对象移向机组完成加工。移动式机组的典型代表是拖拉机机组,它在农业生产中占有重要地位。

2.根据机组三个基本组成部分的结构方案不同,拖拉机组分为牵引式、悬挂式和自走式。牵引式机组的作业机具与拖拉机或联结器构成一点铰接,农具本身有独立的行走装置。悬挂式机组通过悬挂机构把拖拉机与作业机具构成三点或两点铰接,运输状态时,作业机具的重力全部由拖拉机承担。自走式机组的三个基本组成部分在结构上是一具整体。

3.根据机组一次作业完成工序的多少,可分为单式作业机和复式作业机组。

4.按完成作业种类可分为耕地机组、播种机组等。

### (二)机组中农具的配置

拖拉机牵引单台农具工作无须专门考虑配置问题,但要保证拖拉机上的牵引中心与农具的阻力中心相一致,即牵引线不能发生偏离。否则将使机组阻力增加,生产率降低,且会影响作业质量和拖拉机的操作性能。

机组牵引线的调整,可改变农具上挂接点的水平位置和垂直位置,也可能通过拖拉机上的牵引板来调整。

在土壤阻力较大时,减少犁铧数耕地,为了避免漏耕时必须进行偏挂。偏挂后破坏了机组原有的理想牵引线,而相当于牵引非对称农具工作。此时或将犁的水平挂接点尽量左移,以求不漏耕,在拖拉机上仍挂在原来中间的位置,此时犁上的侧压力增大,不能保持平衡;或者不改变犁上的水平挂接点,而将拖拉机上的挂接点右移,虽然仍可保持不漏耕,但拖拉机上要受较大的侧向扭矩,使操纵困难。目前多采取此侧向力由拖拉机和犁二者分摊的办法,即使犁在拖拉机拉杆上的挂接点适当右移1~2个孔,而犁的横向牵引位置也在左移相应距离。有些农机合作社或农机手采用加大犁侧板的面积或犁尖上焊水平切土刀以平衡犁上的侧压力,而仍保持拖拉机上的挂接点居中,也收到一定效果。

拖拉机牵引多台机具时需采用连接器。农具在连接器上的配置,应保持沿纵向挂接中心线两边对称。若牵引2台以上农具,宜排成两列,并使前列数量多于后列,以利于地头回转。

## 二、机具的准备

农机具的准备工作包括机器类型的选择检修与维护,工作部件的配制与调整以及实地负荷考察等内容。这些工作通常要求在作业开始前不少于10天进行完毕。

### (一)作业前机具类型的选择

根据各该项作业的农业质量要求,结合现有机具的型号与数量,综合考虑生产条件,确定机组的构成。

选择拖拉机型号时应考虑以下几点:

1.拖拉机型号必须满足该项作业的农业质量要求,具有合适的通过性和前进速度的适应范围。例如,对进行田间管理作业的拖拉机,要具有足够的地隙和轮距的可调范围,前进速度也应有较多的选择档次。目前在国内使用的通用性轮式拖拉机,其地隙为320~450mm;中耕型轮式拖拉机地隙为600~800mm;链轨式拖拉机地隙为260mm左右。所有轮式拖拉机前后轮轮距皆可在一定范围内按要求进行有级或无级的调整,调整的幅度前轮为400~800mm,后轮为400~900mm,再加上通常都有6~10个变速挡位,这样为合理选择机型提供了条件。如无条件而一定要用链轨式拖拉机进行中耕作业,则需要在播种时预留链轨道。

2.在湿软的土地上工作,应选择比压较小的拖拉机,否则在工作时,行走装置会挤压土壤,形成较深的轮辙,引起机身下陷、打滑,甚至无法工作。据试验测定,沼泽及下水田拖拉机的比压度应为$0.10~0,25kg/cm^2$,而链轨式拖拉机的比压一般为$0.4~0.5kg/cm^2$,中耕型窄链轨式拖拉机的比压为$0.63~0.67kg/cm^2$,轮式拖拉机的后轮平均比压约为$1.0kg/cm^2$,前轮约为$1.4kg/cm^2$可见在湿软的土地上应尽可能地利用链轨式拖拉机,或轮式拖拉机上采用行之有效的降低其比压的措施。

3.按作业负荷量的大小,选择功率相匹配的拖拉机,以提高拖拉机的功率利用。例如,功率较大的拖拉机,用于面积较大的地块以及重负荷工作;功率较小的拖拉机,用于小块地及较轻负荷工作,或将大功率拖拉机组成复式机组等。

4.选择拖拉机时,还应考虑地表条件。例如,对于那些垡片较大的田块,为了避免轮式拖拉机颠簸而影响作业质量和使用寿命,尽可能用链轨式拖拉机;同时,在坡地上作业,因为有沿等高线耕作的保持水土要求,而又要保证机具的安全操作,不能用重心较高的拖拉机。

为了合理地选择拖拉机型号,可利用主要作业机具牵引阻力的参考资料,初步确定完成该项作业的机组组成。拖拉机数量和型号较少的单位,虽无可选择的余地,而一般沿用往年的配套方案,但仍应结合以上要求,通过合理的调低和必要的改装,尽可能满足生产需要。

同样,农具型号的选择也应根据农业质量要求以及作物、土壤等特点,在查明该机具的最佳速度范围内在该工作条件下的工作阻力后,进行编组计算,确定机组组成。

**(二)农具上工作部件的配置**

对已确定的机组需按以下原则进行工作部件的配置:

1.农具的牵引线应通过其阻力中心,保持全工作幅与牵引线对称,以免增加阻力,影响耕作质量和拖拉机正常操作。

2.同一台农具上的各个工作部件之间,应按农业质量要求,保持规定的间距或重叠度,多台牵引时,应保持各台之间的规定间距或重叠度。

3.某项作业机具工作部件的配置,还需与前项有关的机械化作业相一致,如作物田间管理的中耕除草、施肥和治虫等作业机具的配置都要以前作播种机具为准。

**(三)机具整修与负荷考查**

实践证明,提高机组生产率很大程度上取决于机组中农具的技术状态。因此在机组方案编定后,要严格地进行检修、安装、调整和保养;为机组贮备一定数量的易损件,如犁上的犁铲,中耕机上的锄铲,收割机上的刀片等,以备及时更换。

准备好的机组还应进行实地的负荷考查,俗称试耕(割),以检查编组方案的合理性,工作质量是否符合要求,并确定机组的最佳运行速度的范围。

在满足农业质量的前提下,使动力机具尽可能在满负荷下工作,对提高劳动生产率有重要意义。用原来动力机具的配套农具耕作,虽然农业质量要求未变,但其负荷状况将随当年加工对象物理条件的变化而在一定幅度内变化。这种变化不大时,可在农业质量要求标准的上下限内调整;否则需改变拖拉机的速度。一般讲拖拉机的 I 挡不应作为工作挡,而只保留为通过特殊条件的贮备挡。其余的挡次供在符合农业技术允许范围内选择。有时机组的速度往往受农业质量要求的限制,出现显著的负荷不足现象,此时可编成复式机组或在牵引力足够的条件下,采用高挡小油门工作。拖拉机牵引机组,可用拉力计来检查进行该项作业的负荷程度。悬挂机组、牵引并驱动机组由于动力分配比较复杂,可用前一节所述的经验法作粗略判断,以防拖拉机长期在超负荷下工作。

## 三、农业机械化作业的技术组织及质量检查

**(一)机组生产工作的技术组织**

以机组为基本生产单位完成农业生产工作,需要全面考虑农业生产条件与要求,对下列每一个环节做细致的技术组织工作:第一,具体明确该项作业提出的农业技术要求,并定出指标。第二,工作前机组的准备与检查。第三,机组行走方法的选择与工作地区的准备。第四,拟定机组的工作计划和调度路线。第五,机组作业前的组织准

备工作。第六,机组作业过程中正常作业阶段以及其他辅助性工作的组织。第七,机组工作时和完成后的质量检查与验收。第八,机组工作中所采用的安全技术。

一般讲各项主要作业如耕地、耙地、中耕、收获、脱粒等机械化作业的基本操作规程,根据实践,已大体定型,并列入机务工作规章。同时机组机械化水平和农业增产技术又在不断提高,故应在遵循规章制度的基础,上,根据农机运用原理和当年的农业生产计划和条件,改进技术组织工作,使之适应新的发展,符合"高效、优质低耗、安全"的原则。

为了使技术组织工作和机组的工艺操作能按最理想的方案执行,并便于检查、对照和验收。可将上述各个环节的要点,按作业项目列成作业工艺指示图表(任务单),下达给机组及有关部门,该图表的主要内容包括:

1.基本数据包括进行该项作业的地点、小区形状和尺寸、工作量亩数(吨位数等),地表状况、坡度、比阻($kg/m^2$),作物生态特征、估计产量要求完成期限等。

2.农业技术标准企业对进行该项作业规定的农业质量要求如耕深、播量播深、留茬高度、损失率、破碎率等具体要求。

3.准备工作包括机器和田地准备,应配辅助人员和运输工具等数量,机组的附属装置及油料供应方式,完成各项准备工作的相应期限。

4.机组行走方法和速度包括规定的行走方法、标出地头宽度回转种类、运动的基本速级、生产率及耗油定额等。

5.质量检查和验收按农业技术标准的检查次数与方法,简单计算公式及偏差允许范围;不合格时的处理方法、检查与验收程序等。

**(二)农业机械化作业质量检查**

为了保证机组作业质量符合农业要求,应在每次作业开始不久、工作过程中以及作业结束后,会同农业技术人员对作业质量进行有计划的检查,并根据检查结果及时纠正缺陷,这也是一项重要的技术环节。兹将各类作业的检查方法综合如下:

1.耕作深度的检查

检查耕地深度时,用测深尺在已耕地的垄沟上,沿小区长度取12~20个点,各测量其实际耕深,求平均值。若不沿垄沟测定已耕地的实际耕深,考虑到土壤实际上已经膨松,需自测量的数值中减去20%的深度。

检查耙地的深度需将已耙地的土层扒开,自碎土的底层到地表用直尺测量平均耙地深度。中耕深度的检查与之相同。实测的耕作深度,一般要求与规定的偏差不得超过1cm。

2.耕层平整度的检查

耕层平整度的检查,包括地表的平整度和底层的平整度两项,其平整度相差不得超过2cm。铧式犁耕地的地表平整性,可自横着耕地方向的一端,用目测检查垄沟、翻垡和接墒(垄)情况。若已耕地的地表较平坦,只有微小的波状起伏,各铧之间和各行程间几乎分辨不出明显的交界,说明地表平整合格。

3.播种质量的检查

播种量可按在每米长度内落下的种子粒数来检查,每米长度内按播种量定额应该有的粒数为:

$$N = \frac{15AH}{\delta}$$

式中:A——作物行距(cm);

H——播种量定额(千克/亩);

δ——种子的千粒重(g)。

播种深度和交接行距的检查可同时进行。检查时沿工作小区对角线在两行程的交接处各扒开2~3个开沟器的覆土10~12cm播行长度,先用直角尺自地表量到底层的深度,取其平均数;而后再用直尺垂直于播行方向量出所扒开两行种子之间的距离。播种深度的偏差不应大于1cm,交接行距的偏差不应大于2.5cm。其他如播行的直线性、重播和漏播等一般用目测来鉴定。

4.收获质量的检查

联合收割机收获谷物时,其质量检查包括留茬高度、谷粒损失、破碎情况纯净程度四个主要方面。

(1)检查留茬高度可用直尺沿收割行程长边选点测量,取其平均数与规定相比较。

(2)损失率的检查以损失谷粒占收获量的百分数(%)表示,分以下几种性质:

漏割的穗子;已割下的穗子但在收割台前面被碰落或由于拔禾轮碰落后而未进入联合收割机的脱谷部分;谷穗虽进入联合收割机,但因未能脱净而随茎秆排出;已脱下的谷粒,因清洁不净或风量过大而随颖壳排出。

测定时先在未割地上距已割地边5m处选点,测量每平方米的产量粒数。并用平方米的木框检查自然落粒数;再在收割机的工作中,将席子放在茎秆出口处,用平方米木框测定上述的后两项损失,因为该损失为整个工作幅上集中到这里的,故应加以折算,而后在收割台后方测定前两项损失,但应从得数中减去自然落粒数。直流式自走联合收割机,因上述后三项损失皆集中在后方,难以区分。故需停车分别在不同部位测定。

将测定结果按下式可计算出总损失率或各种不同性质的损失率:

每平方米总产量的粒数=计算的每平方米产量粒数+总损失粒数+自然落粒数

$$机组总损失率 = \frac{总的测定损失粒数}{总产量粒数 - 自然落粒数} \times 100\%$$

(3)破碎粒的检查指被轧坏、压扁的谷粒占总收获量的百分数。测定时在最终子

粒推运器出口处,用可盛放1000粒的容器接取样品,一般不少于50g,检查其破碎粒数,取其平均数后用下式计算:

$$破碎粒 = \frac{碎粒}{样品重量} \times 100\%$$

(4)纯洁率的检查指收获谷粒中纯净的子粒(短茎秆、杂草除外),占总收获量的百分数。测定方法与检查破碎率相同,二者亦可同时进行。简单的割晒机或脱粒机的质量检查方法与上述基本相似,只是各取其中的不同项目而已。

**(三)农业机器作业工艺**

农业机器作业的对象是作物、土壤、种子、肥料、农药、地膜和农产品等。按一定的目的要求对加工对象进行加工的方法、步骤、组织、监控等称为农业机器作业工艺。

田间机械化作业工艺要做的工作包括:

1.作业工艺方法的选择完成同一农艺要求可以采用不同的作业工艺方法,例如耕地作业有翻耕、耕、旋耕等,应结合当时当地条件合理选择。

2.作业工艺准备包括机器、土地、人员及辅助过程的准备。机器准备主要是检修与调试机具,以及机组编制;土地准备主要是地块区划、田地清理以及地块间转移的道路安排;人员准备主要是落实岗位责任制,进行技术和安全教育;辅助过程组织主要是落实各种物料的运输、装卸人员与地点安排。

3.作业工艺运行包括机组行走方法的合理选择、工艺性服务的安排(如卸车、卸草、上种、上肥、上药等)、作业质量检查以及安全保障。

4.作业验收包括作业质量检查、作业量测定和机具保养等。

# 第二节　土地产出率、劳动生产率及农业机器作业生产率等

## 一、土地产出率、劳动生产率、资源利用率、投入产出率

1.土地产出率

指单位土地面积上的农作物产量或产值,计量单位有$kg/hmm^2$、$t/hmm^2$、元/$hmm^2$等。

2.劳动生产率

指一个农业劳动力一年生产的作物量,或负担的作业面积,或创造的农业产值。计算单位有千克1(劳·年)、公顷/劳、元/(劳·年)等。劳动生产率的倒数,是单位面积或单位产量消耗的劳动量,以工日1公顷,工日/kg或小时/kg表示。

3.资源利用率

主要指水、肥料和石油等农业资源的利用情况,计量单位有$kg/(mm \cdot hmm^2)$、kg/

$m^3$，即 1mm 降水每公顷生产多少 kg 粮食，或灌 $1m^3$ 水生产多少 kg 粮食，kg/kg 即 1kg 化肥生产多少 kg 粮食等。如北方旱地降雨利用效率是 6~9 $kg/(mm \cdot hmm^2)$，华北灌溉的水资源利用率是 12~18kg/$m^3$。土地也是重要的农业资源，如何保护和充分利用已引起高度重视，并由土地产出率指标来表示。本指标是为评价机械化生产系对土地以外重要资源的利用好坏而设置的。

4.投入产出率

是评价机械化农业生产系统的重要经济指标，投入主要是指农业机械与有关设备设施的投入，产出为增产、提高产品品质或降低成本，带来的经济效益。通常采用投资效率、投资回收期和投入产出比几个指标。

农业机器规定的投资期限为 3~6 年，如系统的投资回收期超过规定值，说明该系统经济指标不好。关键是投资而获得的净收益。采用农业机械的目的是多方面的：提高劳动效益率，提高产品数量和质量；节省活劳动消耗；节省材料消耗；减少产品损失；改善劳动条件等。因而，确定农业机械投资效益时，要多方面考虑。

## 二、农业机器作业生产率

农业机器在单位时间内按一定质量标准的作业量称为机器作业生产率。时间的计量单位一般有小时、班、日、旬、季和年，作业量的计量单位有公顷、千克、立方米和米等。当需要将各种作业项目的作业量统一计算时，需要统一的作业量计量单位，一般有标准公顷、千瓦小时和小时等。农业机器的计数单位有混合台、标准云贵、千瓦、机组等。

研究机器作业生产率的目的是进行机器在作业生产率分析，挖掘机器的生产潜力和进行生产率估算，确定有科学根据的机器作业生产力以便制定机器的配备、选型、计划或核算机器作业的实际生产率，以评定机组的运用水平。

影响生产率的主要因素：

1.发动机标定功率发动机功率俞大、生产率俞高。在使用期中，发动机最大功率逐渐下降，下降速度主要取决于制造质量和使用维护状况。要通过良好的维护功率减缓下降速度。在海拔高的地区，由于空气稀薄，发动机最大有效功率也要下降。

2.发动机标定功率利用率发动机标定功率利用更好、生产率更高。但由于作业负荷波动，过高的负荷，会使发动机频繁处于超负荷工作状况，加速机器磨损，性能恶化。而功率利用程度低，发动机处于不满负荷状态下工作，不仅产率下降，还导致耗油率升高。对于翻耕、深松、旋耕等重负荷作业机组，其合理的功率利用率一般约为80%。

3.拖拉机牵引效率

拖拉机的牵引效率=拖拉机的传动效率×滑转效率×滚动效率

在正常技术条件下,拖拉机的传动效率变化不大,为0.88~0.92;滑转率变化范围较大,特别是轮胎式拖拉机,为避免滑转率过大引起土壤结构破坏,及驱动装置加速磨损,一般要求轮胎打滑率不超过20%,履带驱动装置打滑率不超过7%,即滑转效率80%或93%;拖拉机滚动效率主要取决于地面状况,硬路面行驶时滚动效率高达95%以上,田地里则要目的地土壤状况,土壤干硬时,滚动效率和滑转效率都较高。反之,二者都较低。一般土壤条件下拖拉机牵引效率为0.7~0.8。

# 第三节　农业机械化管理

1.不同层次农业机械化管理的内容

(1)社会经济战略研究层次

主管农业的行政领导(如市、县长)及农村发展中心的工作,主要是通过农业机械化与农村经济发展协调的研究,农业机械化与工业发展协调的研究,劳动力转移与农业机械化关系的研究等,确定农业机械化发展战略和方针(如加速发展农业机械化,实施半机械化与机械化并举,因地制宜选择机械化等决策)。

(2)宏观管理组织层次农业机械化司局、农业机械工程局、研究院所、学校等的工作内容,包括组织进行区划、规划,制定科技攻关战略、机器生产及技术机具引进规划,研究生产模式、农业机械经营形式、服务体系及更新决策等。

(3)微观经营管理层次农场、机务站(队)、制造厂、维修厂、供销公司等的技术和业务工作,包括企业规模、市场营销、产品布局、种植制度、作业工艺、机器配备、机器更新、生产计划、调度等。

(4)机器技术层次工程技术人员、驾驶操作人员的业务,包括机器操作、技术维护、修理、油料化验、油库管理等。

2.农业机械化科学管理方法

(1)借助运筹学、控制论中成熟的方法和模型,解决农业机器管理中有关决策问题,由经验定性决策向优化定量决策发展。如线性及非线性规划方法用于机械作业计划制定,机器系统配备,企业经营规划等的定量决策计算;排队论、随机模拟用于农业机械化供销服务系统,加工网点配置,加油站配置计算等;库存论用于库存管理定量计算等。

(2)从生产管理向经营管理的内容扩展。对农业机械化企业(如机械化农场、专业户),这个问题已经提到日程上来。以前使用农业机器的单位,如生产大队和农场,种什么作物是由上级定的,种多少面积是不变的,单位的任务只是如何把生产搞好,增加产量,而没有多少经营问题。现在则不仅要考虑搞好生产,更要注意经济效益,要决定种什么作物、种多少、搞什么副业项目、规模多大等,要结合企业人力物力财力状况,在适合当地的若干可行经营方案中,制定出优化的经营方案来,以获得最大收益。有些传统的内容(如机器配备)要延伸,由以前仅在种植计划一定前提下配备机器,变为包括计算种什么、种多少、配什么机器的作业系统多参数优化。

(3)强化系统分析能力,发展出机器系统管理决策的方法模型。如通过对机器作业成本、作业时间、作业适时性损失的系统分析,建立机器—时间系统优化模型。通过前茬作物作业对后茬作物作业影响的系统分析,建立一年两熟地区的机器系统配备模型。

(4)随机模拟技术、仿真技术的应用,使得非确定性复杂问题的研究、分析、决策成为可能。如作业期的确定、服务能力确定、灾害预测等,进一步提高了农业机器管理决策的水平。

## 第四节　农业机器的选型配备和更新

### 一、机器技术状态的变化规律

通常所说的技术状态,包括两个方面的含义:一方面是指机器的构造质量指标,包括每一零件、部件的结构、形状、尺寸、材料质量、加工精度处理质量以及各配合件间的相对位置和相互配合关系等;另一种是基于上述条件,加之正确使用,机器所显示出来的技术经济性和使用可靠性等指标,包括功率(扭矩、转速、牵引力、速度)、生产率、能量、劳动量消耗、工作质量以及无故障连续工作时间等。

机器在运用中技术状态指标与出厂时技术鉴定所规定的要求发生了偏离(指不利方向),不论其大小,都认为这台机器的技术状态向坏的方面变化,而当变化到影响工作的程度,此时称为机器的技术状态恶化。

#### (一)机器技术状态恶化的原因

当机器投入生产工作一阶段后,或者维护不善,机器的技术状况一定会慢慢变坏,只是变化过程有快慢而已。造成变化的主要原因有以下几个方面:

1.零件的自然磨损

机器磨损包括零件表面磨损、磨料磨损和抓粘性磨损等。农业机器中各组合件,它们有相对运动时,会产生动摩擦,只有克服零件间的摩擦阻力,才能使机器转动起来,并且消耗发动机的一部分能量。有时零件间的运动种类和速度不一样,常会在摩擦表面出现有磨掉的碎块,使零件的相应质量下降。

磨损速度和量的大小与其摩擦力有关。如曲轴和瓦在机器超负荷时,垂直于摩擦表面的力使轴、瓦磨损严重。又如在发动机启动时,零件开始运转要克服一定的静摩擦力,加上润滑条件恶劣,磨损也会加剧。

磨料磨损是农业机械在使用中最常遇到的、危害较大的一种磨损形式。磨料颗粒的来源有灰尘中的沙粒,摩擦过程中在摩擦表面产生的被破碎的氧化铁皮或铁屑,燃烧不完全时留下的炭渣和润滑油中所含的杂质等。虽然这些磨料粒度较小,但是,数量多,有的棱角尖锐,硬度大,在零件表面会出现沟痕。磨料磨损的强度与磨料的棱角大小、摩擦面间的相对速度和单位面积上的压力有关。压力大,磨损速度快,时间长,则行程沟痕愈深,被磨损的面积愈大。尤其当维护不善,拆装不注意清洁时,零件间将进入大料磨料,造成严重磨损,使机具技术状态急剧恶化。

抓粘磨损时常出现在零件间缺少或没有润滑油,摩擦表面产生高温的情况下,两个纯金属表面如同焊接一样粘在一起。当两摩擦表面相对移动时,焊接在一起的那部分就会被撕开。由于粘结交界处的金属机械强度大于基体金属。所以,撕开则发生在强度小的基本金属深层处。这种撕落是连锁式进行的。因此,磨损的强弱取决于材料的种类、载荷大小、接触面积、速度、润滑条件。一般同类材料容易发生抓粘磨损。

2.零件的腐蚀

零件的腐蚀是自然现象。除了机器本身工作时所带来的无法避免的一些腐蚀外,还有农业机械长期在大自然田野中使用,受不同气候的交替侵袭的影响以及每年保管停歇时间较长而造成的锈蚀。

腐蚀可分为化学腐蚀与电化学腐蚀两类。化学腐蚀是金属和外部介质直接起化学作用的结果。例如,所用的机油中含有一定的酸类杂质。对机件和铜铅合金轴承皆有较强的腐蚀作用。若柴油中所含硫分过高,将对钢铁有较强的腐蚀作用。此外,在高温下工作的零件(排气门、燃烧室等)与高温空气中的氧等介质发生作用会形成烧坑或麻点等腐蚀。电化学腐蚀,主要是金属在有电解液存在的情况下产生的破坏作用,如发动机汽缸表面在低温工作时,燃油中的硫与汽缸壁上冷凝的水构成酸,使汽缸表面受电化学腐蚀的破坏等。

农业机械一般都有胶质或木质等零部件,而当木质件受到细菌和大气腐蚀后,即发生变质,使强度下降;胶质件受到日光长期照射或油的侵蚀也会发生老化和龟裂现象。目前对腐蚀等规律尚未完全掌握,所以还不能完全避免。

3.零部件的疲劳变形和松动

有些零件常由于受力后疲劳过度而断裂。疲劳原因在于零件不断受交变的外载负荷、较大的震动和应力集中等,先是有裂纹,而后发生剥落,最终将使零件断掉。机器上有些如弹簧、传动杆或支架,因使用调整不当或在超负荷下工作,都会发生变形现象而破坏了原有的作用性能。机器上的零部件也将产生因震动而引起的松动或错位。

4.杂质堵塞

杂物或尘土不可避免地要进入到机器上一些用以循环油和水的孔道或缝隙中。随着时间的加长,沉积物不断增多,结果使孔道通过面积减少,甚至堵塞而给机器的技术状态带来不利影响。例如,机油泵吸盘滤网堵塞,使吸油不足,润滑不良;水垢过厚,造成散热性能变差;柴油中有水;冬季结冰或凝固管道而造成堵塞等。

从上述机器技术状态变化的一些原因来看,属于磨损、腐蚀、材料变质等所造成的影响,一般是逐渐变化的,时间经历较长;而属于紧固松动、疲劳破损和杂物堵塞等三种因素一旦发生,将使机器的技术状态发生快速变化,达到恶化地步,所以更应该加以预防。

**(二)延长机器使用寿命的维护措施**

从零件磨损规律三个阶段可以看出,要想延长 AB 段的时间,就应减少曲线的倾斜度,以达到延长使用寿命的最好效果。为此可在第一阶段中采取减轻机器的初级负荷和加强润滑与及时排除金属磨削等措施。在第二阶段的正常使用期,必须加强对机器的维护工作(如清洁、润滑、调态、紧固等),妥善保管机器;同时还要正确操作机器,以求得进一步延长使用期。在第三阶段,应加强检查及时排除故障,同时还要采取一定的修理手段。

归纳以上各点,根据零件磨损规律而采取的对应维护措施。

将上述这些延长机器使用寿命的措施加以整理和完善后所确定的制度,统称为计划预防维护制度。它的内容包括:第一,农业机器的交接、试运转及技术档案的建立。第二,农业机器的技术保养。第三,农业机器的正确操作。第四,农业机器的不拆卸检查及故障排除。第五,农业机器的修理。第六,油料的正确使用与管理。第七,农业机器的保管。

必须指出,计划预防维护制度既然是根据科学研究结果与实际生产经验的积累而制定的,因此,各使用单位皆应有组织地加以贯彻。实践证明,是否认真执行这一制度,运用效果截然不同。随着科学水平的不断提高及使用经验的不断丰富,也将使这个制度的具体环节得到进一步的补充和修改。

## 二、农业机器的选型配备

**(一)农业机器配备的一般原理和方法**

1.农业机器配备的目的和要求

我国各地区的自然、气候、农业经济条件和农机经营形式、农业经营规模、生产任务和作物种类等不同,农业机器配备以因地制宜地完成机械化农业生产任务,提高农业经济效益为目的。

2.农业机器配备的方法

(1)以农业作业机组必须在适期内完成作业任务为基本依据,这类方法有机组工作量法、能量法和经验定额法等。

（2）以完成作业阶段任务同时实现机械作业费用最低为目标，这类方法有线性规划法、最小年度费用法等。

**（二）农业机器传统的配备方法**

工作量法和能量法的出发点是按一个农业机械化企业的现有土地规模、农业作业工艺要求等，按机器在给定期限内完成所需的各项作业所需拖拉机和农具的台数，以及按完成各项作业所消耗的动力之和来计算出所需拖拉机和农具的台数。这两种方法虽然考虑了机组生产率、作业期限等参数，但未与经济效益挂钩，因此，不能称为优化结果。

**（三）线性规划配备法**

线性规划配备法是重要的系统配备方法之一，主要用于限定作业期限的情况，可用于田间作业、加工、饲养、运输等多方面的配备。使用的前提是配备的约束条件与目标函数均为线性函数。

用线性规划方法进行机器系统配备时，首先要建立数学模型，即编写约束方程和目标函数，然后利用计算机对数学模型进行求解。约束方程可包括作业量约束、机器约束、农具约束、劳动力约束、资源约束等；目标函数可以是企业纯收入最高、机械作业成本最低、资源消耗最少等。经计算机对模型进行求解可得出在满足一定约束条件下的最佳机具配备台数。

**（四）非线性规划配备法**

虽然线性规划配备方法综合考虑了机组生产率、作业工艺、作业任务、作业成本及企业收益等，但由于该方法要求所有约束方程和目标函数均为线性，而实际生产中有些约束并非线性关系。另外，用线性规划进行机具配备时，机组各项作业日期必须根据经验提前给定。而给定的作业期限不一定是合理的。例如北京地区小麦收获作业，作业期可定为3天，也可定为6天。两者对联合收获机的需求量会相差一倍，机器作业成本相差甚远，若定为6天，机器配备数量少，机械作业成本低，可作物产量的田间损失量会加大，反之亦然。那么3天与6天究竟哪个更合理呢？此时就需要用非线性规划的方法来求解。在求得最佳机具配备量的同时，得到最佳的作业日期数，使企业的纯收入最大或机械作业成本最低。

**（五）计算机模拟法**

线性规划法或非线性规划法所得结果虽为一个最优解，但这一结果有时会因各种原因，企业在实际过程中有较大难度。此时企业又别无选择。计算机模拟法也称计算机仿真法，借助计算机对系统进行动态模拟，得出多种可行方案，再由决策部门从中作出合理的选择。

### 三、农业机器的更新

一般地讲,机器有三种寿命。

第一种自然寿命指机器从开始投入使用,直到由于有形磨损而不能继续使用而报废为止所经历的整个时期。

第二种经济寿命指机器从开始投入使用,直到继续使用会造成经济上不合理而使其停止服役的整个时期。

第三种技术寿命指机器投入使用后,由于技术的进步,虽然还未到达经济寿命期,也不得不淘汰所经历的时期。

我国在较长的时间内没有按照科学的方法确定合理更新期,农业机器使用期过长,折旧率较低,更新资金不到位,加之片面强调延长农业机器自然寿命、超期使用,以致机器严重老化,油料费、维修费急剧上升,可靠性下降,影响着企业经济效益与社会效益。根据一项全国调查,超过15年机龄的拖拉机有效功率下降17%,油料费上升20%,维修费上升约30%,其完好率仅40%,经常延误农时。特别是大中型机具老化,深耕面积减少,直接影响到粮食减产。

1.农业机器更新的原因

(1)机器发生事故性损坏,无法修理,只有更换新机器。

(2)生产内容或规模变化,原有机器不适用。

(3)机器停止生产或进口,零配件失去供应,无法进行正常维修,被迫做出提前淘汰更换新机器的决定。

(4)出现性能优良的新型机器,旧机器相形见绌,失去使用价值。例如用联合收获机收小麦后,割晒机因其要人工捆、运、脱粒,不受农民欢迎,大批割晒机只好闲置起来。

(5)使用旧机器的预期成本超过换用新机器的预期成本。

我国更新农业机器,多数还是前三种情况,但这些因素的规律性较少,农业机械化工作者能控制的不多,所以一般研究的也不多。第四种情况在一些技术发达、农业机器产品换代很快的国家,已成为引起更新的重要原因。我国当前研究的重点是第五种情况,即以性能一样或相近的新机器取代旧机器。

2.更新期平均成本原理

合理的更新期应使得机器整个使用期间的总平均作业成本最低或费用最低。

### 四、农机作业收费标准

根据价格学原理,农机作业收费标准应等于机械作业成本和盈利这两项之和。而机械作业成本是制定收费标准的主要部分,必须合理确定。

1.机械作业成本的确定

为了制定统一的收费标准,首先要确定统一的机械作业成本。比较合理的办法是在该地区内通过实际测定,确定主要作业类型的拖拉机小时费、农具的小时费以及作业机组小时生产率。根据这些基本参数,求出各种作业的统一成本定额。

还可以采取调查实际作业成本的办法来确定成本定额。但不能仅取一年的实际成本为依据,而应采用几年的平均数据,以排除一些偶然因素的影响。一般常用近三年的资料来加权平均,最近一年的资源权重大一些。

2.盈利的确定

目前有三种确定盈利的方法:按社会平均工资盈利率确定盈利额;按社会平均成本盈利率确定盈利额;按社会平均资金盈利率确定盈利额。

# 第三章　播种机械的维护技术

播种机使用与保养的好坏,对机播质量和机器寿命都影响很大,每个机手都应引起足够重视。本章将对播种机械的维护技术进行阐述。

## 第一节　概述

播种是农业生产过程中关键性的作业环节,良好的播种质量是保证苗全、苗壮的前提。用机械播种不仅可以减轻劳动强度、提高工效、保证质量,不误农时,而且也为后续田间管理创造良好的条件。

### 一、机械播种的农业技术要求

1.播种的行距应一致,且能按照农业生产的需要调整行间距离。

2.播种均匀,每行的种子数量应一致,而且要合乎农业技术要求,保证种子有适当的营养面积。

3.播种深度应一致,并且使种子播到有足够水分的土层中,使种子出芽顺利,不致因过旱而旱死,或因过深而出苗困难。

4.在播种过程中,种子经过各个机构均不致遭受损伤而妨害发芽。

5.自从对种植提出合理密植的要求后,要求播种机的单位面积播量增加,使单位面积植株数量加多。目前,结合地区、品种、气候等条件,小麦一般每667米播量为10~15千克,同时要求播种时采用窄行条播或宽行条播。夏玉米则每667米要求达到4 000~6 000株,若用点播方法种植,则行株距离亦应适当缩小。春大豆用点播则行穴距离为8寸×6寸(1寸≈3.33厘米),每667米要求8000~10000穴。由于密植播量增加,播种方法也与以前有所不同。

### 二、播种方法与播种机类型

#### (一)播种的方法

1.撒播

将种子按要求的播量撒布于地表,再用其他工具覆土的播种方法,称为撒播。种子分布不均,覆土深浅不一致,使种子出苗不齐,稀密不均,因此作物生长不良,成熟期也不一致,影响产量,不仅影响收获和机械化的程度,而且浪费种子。故目前精耕细作后采用很少,一般用于播种经济价值不高的绿肥作物、牧草、秧田育苗和大面积种草、植树造林的飞机撒播。撒播播种速度快;可适时播种和改善播种质量,且对整地无特殊要求。

2.条播 按要求的行距,播深与播量将种子播成条行,然后进行覆土镇压的方式,称为条播、由于播种均匀,深浅一致,种子发芽整齐,出苗一致,因而作物生长和成熟一致,条播的作物便于田间管理作业,便于用机械进行收获。一般条播质量较撒播为高,应用很广,主要应用于谷物播种(如小麦、谷子高粱、油菜)等。条播的方法有普通条播,窄行条播,宽行条播、带状条播、交叉条播、宽幅条播等6种。现分述如下:

(1)普通条播:行距为10~15厘米。如播种小麦时即可用这种方法。

(2)交叉条播法:用于谷类作物或牧草作物,一般用于需要密植缺乏窄行及播量较大的条播机的地区,可以达到密植增产的目的,但播种费时,消耗动力,种子在交叉之处重叠,影响作物的生长。

(3)窄行条播法:行距为5~8厘米,能适合密植增产的要求,目前比较广泛采用。

(4)宽行条播法:行距一般为30~70厘米,出苗后能用机械中耕,故适用于播种玉米,棉花、大豆等。

(5)带状条播法:此法又名宽、窄行条播,作物的行距不等,由行距较小的2~4行作物构成一带,播种时两带间则留有较大空间,是我国劳动人民长期经验积累所创造的。目前较普遍地运用于大豆、玉米,棉花的播种。

(6)宽幅条播法:条行星宽幅,幅宽为10~20厘米为适宜,此种方法适合密植丰产要求,目前小麦采用此法进行播种的很多。

3.点播

按规定行距、穴距、播深将种子定点投入种穴内的方式。该方法可保证苗株在田间分布合理、间距均匀。某些作物如棉花、豆类等成簇播种,还可提高出苗能力。主要应用于中耕作物播种:玉米、棉花、花生等。与条播相比,节省种子、减少出苗后的间苗管理环节,充分利用水肥条件,提高种子的出苗率和作业效率。点播的方法有普通点播法、方形点播法、六角形点播法和精密播法。现分述如下:

(1)普通点播法:种子集中成簇,纵向成行,横向不成行,只能进行纵向中耕,不能横向或斜向中耕,影响机械化程度,适用于机械化程度不高的中耕作物的播种。

(2)方形点播法:此法需用方形点播机播种,纵横都成行,能进行纵向和横向的机械中耕,对植株的营养面积也较适当,故较普通点播优越。

(3)六角形点播法:此法是比较新的播种方法,除能进行纵横向中耕外,还能斜向中耕,中耕机械化程度最高且作物的营养面积分布均匀,故比方形点播更为优越。

(4)精密播法:按精确的粒数、间距与播深,将种子播入土中,称为精密播种,是穴播的高级形式。精密播种可节省种子和减少间苗工作量,但要求种子必须经过精选,土地必须整得很好,种子有较高的田间出苗率并预防病虫害,以保证单位面积内有足够的植株数。

4.铺膜播种

播种时在种床表面铺上塑料薄膜,种子出苗后,幼苗长在膜外的一种播种方式。这种方式可以是先播下种子,随后铺膜,待幼苗出土后再由人工破膜放苗;也可以是先铺上薄膜,随即在膜上打孔下种。铺膜播种可提高并保持地温;减少土壤水分蒸发;改善植株光照条件;改善土壤物理性状和肥力;可抑制杂草生长。

5.免耕播种

前茬作物收获后,土地不进行耕翻,让原有的秸秆、残茬或枯草覆盖地面,待下茬作物播种时,用特制的免耕播种机直接在前茬地上进行局部的松土播种;并在播种前或播种后喷洒除草剂及农药。免耕播种可降低生产成本、减少能耗、减轻对土壤的压实和破坏;可减轻风蚀、水蚀和土壤水分的蒸发与流失;节约农时。

**(二)播种机的类型**

播种机的类型很多,一般可按下列方法进行分类。

1.按播种方式:可分为撒播机、条播机、穴播机和精密播种机。

2.按适应作物情况:可分为谷物播种机、中耕作物播种机及其他作物播种机。

3.按联合作业情况:可分为施肥播种机、播种中耕通用机、旋耕播种机、旋耕铺膜播种机。

4.按动力连接方式:可分为牵引式、悬挂式和半悬挂式。

5.按排种原理:可分为机械式、气力式和离心式。

# 第二节 传统播种机的维护技术

## 一、一般构造和工作过程

1.谷物条播机的一般构造和工作过程

我国生产的谷物条播机,均为能同时进行施肥的机型,一次完成开沟、排种、排肥、覆土等作业,故其一般构造主要由机架、种肥箱、排种器、排肥器、输种(肥)管、开沟器、覆土器、行走轮、传动装置、牵引或悬挂装置、起落及深浅调节机构等组成。

工作时,播种机由拖拉机牵引行进,开沟器开出种沟,地轮转动通过传动装置,带动排种和排肥器,将种、肥排出,经输种(肥)管落入种沟,随后由覆土器覆土盖种。

2.我国目前生产的中耕作物播种机,大多数是播种中耕通用机,既可播种,也可通过更换中耕工作部件后进行中耕作业。其结构为:主梁和地轮作为通用件,主梁上按要求行距安装数组工作部件,每组工作部件由开沟器、排种器和覆土镇压装置等组成。工作时,播种机随拖拉机行进,开沟器开出种沟,地轮转动通过传动装置带动排种器排种,种子经排种口排出,成穴地落入种沟,然后由覆土器覆土,镇压轮压实。

## 二、调试

播种机播前主要技术指标的调整:播种量、入土深度、排种舌、行距、行数。满足适时播种,播量符合要求、播种均匀、播深一致并符合要求,行距一致、不损伤种子、无重播、无漏播、能同时施种肥等要求。

1.根据播种量的需要,通过更换链轮选择合适的传动比,大播种量用大传动比,小播种量用小传动比。

2.播种量的调整是通过改变排种轮的工作长度来实现的。将播种量调节手柄左右转动可改变排种轮的工作长度,播量调节手柄拨至"0"的位置,如不正确,可松开该排种轮和阻塞套的挡箍一起移至正确位置,再将挡箍的端面紧贴排种轮和阻塞套固定紧。根据播量需要扳动调节手柄至相应的播量,并拧紧螺栓固定播量调节手柄。

3.开沟器入土深度的调整。开沟器是靠弹簧压力和自重入土的,弹簧压力越大,开沟器入土越深。应根据播种深度和土壤硬度改变弹簧的压力,调整合适的开沟深度。调整时,应使各弹簧的压力一致,使开沟器深度相等。

4.排种舌的调整。根据种子颗粒大小不同,适当调节排种舌的开度,大粒种子排种舌开度应大,反之应小,调整后固定排种舌的位置。

5.行距的调整。调整时,从主梁中心向两侧进行。行距以开沟器铲尖之间的距离为准。调整适当后拧紧螺栓。

6.行数的调整。如需要少于播种机的行数时,应将多余的开沟器,输种管卸下,用盖种板在种箱底部盖住排种孔,再按需要适当调整行距即可。

## 三、保养

1.播种机各部位的泥土油污必须清除干净。将种肥箱的种子和肥料清除干净。特别是肥料箱,要用清水洗干净、擦干后,在箱内涂上防腐涂料(塑料箱除外)。

2.检查播种机是否有损坏和磨损的零件,必要时可更换或修复,如有脱漆的地方应重新涂漆。

3.新播种机在使用后,如选用圆盘式开沟器,应将开沟器卸下,用柴油或汽油将外锥体、圆盘毂及油毡等洗净,涂上黄油再安装好。如有变形,应予以调整。如圆盘聚点间隙过大,可采用减小内外锥体间的调节垫片的办法调整。

4.将土壤工作部件(如开沟器等)清理干净后,涂上黄油或废机油,以免生锈。

5.为了使零件润滑充分,在工作之前要向播种机各注油点注油。并要及时检查零件,保证机器正常运行。注意不可向齿轮、链条上涂油,以免粘满泥土,增加磨损。

6.各排种轮工作长度相等,排量一致。播量调整机构灵活,不得有滑动和空移现象。

7.圆盘开沟器圆盘转动灵活,不得晃动,不与开沟器体相摩擦。

# 第三节 机械式精量铺膜播种机的维护技术

机械式精量铺膜播种机是复式作业机具,能一次完成平地、镇压、开沟铺膜、压膜整形、膜边覆土、膜上打孔穴播、膜孔覆土和种行镇压等多项作业,与轮式拖拉机配套使用。机械式精量铺膜播种机主要用于棉花的铺膜播种,更换部分部件(定做或选购件)后可适用于玉米等经济作物的铺膜播种作业。

## 一、结构与工作原理

### (一)工作原理

机械式精量铺膜播种机与拖拉机的三点悬挂装置挂接。工作前,先将机具提离地200毫米左右,将地膜从膜卷上拉出,经展膜辊、压膜轮,覆土轮后拉到机具后面,用土埋住地膜的横头,然后放下机具。

随着机组的前进。机具前部的整形镇压辊将土壤表面压实,开沟圆盘将压膜沟开出;压膜轮随即将地膜两侧压入沟中,膜边覆土,圆盘紧接着将土覆在膜边上,将地膜压住。

随着穴播器的转动,种子在自重及离心力的作用下流入分种器,进入分种器的种子随穴播器转动到种箱顶部附近时,多余的种子回落到穴播器的底部。取上种子的分种器转过顶部约30°时,分种器内的种子由分种器流入动定鸭嘴内:当此鸭嘴转动到下部时,动、定鸭嘴插入土壤中,通过穴播器与地面的接触压力打开动、定鸭嘴,形成孔穴后将鸭嘴内的种子投入孔穴内;紧接着膜上覆土圆盘将土翻入覆土轮内,覆土轮在膜上滚动时覆土轮内的导土板将土输送到种行上。至此,完成整个作业过程。

### (二)结构

机械式精量铺膜播种机主要由主机架、膜床整形机构,展膜机构,压膜机构,播种机构、覆土机构等部分组成。

1.主机架

组成:主机架由悬挂架,前横梁,顺梁及划行器支架等部分组成。

作用:主要用来连接膜床整形机构,展膜机构、压膜机构,穴播器框架,覆土轮框架及与拖拉机挂接。

2.膜床整形机构

组成：由整形器(灭印器),镇压辊组成。

作用：整形器用来将种床表面的干土推掉及将种床推平;镇压辊是用来将推平的种床表面压实,为铺膜播种做准备。

3.展膜、压膜机构

组成：由开沟圆盘、展膜辊、压膜轮,覆土圆盘等组成。

作用：开沟圆盘与机具前进方向呈内八字形夹角(15°~20°),随着机具的前进,开沟圆盘开出膜沟;展膜辊将地膜平展地铺放在平整好的膜床上,压膜轮将地膜两边压入开出的膜沟内,并给地膜一定的纵向和横向拉力,保证地膜与膜床贴合良好,拉伸均匀。随后膜边覆土圆盘给膜边及时覆土,压紧地膜两边,使地膜不收缩变形,从而保证种子与膜孔对正,不出现错位现象。

4.穴插器

组成：由上种箱,输种管、下种箱由动盘,定盘。动鸭嘴,定鸭嘴、分种器等部分组成。

作用：穴播器的作用是将种子准确地播到种床里。

5.膜边覆土机构

膜边覆土由覆土圆盘来完成。覆土圆盘将土及时地覆在铺好的地膜上,可防止地膜左右窜动和孔穴错位。

6.膜上覆土机构

作用：膜上覆土圆盘将土导入覆土轮内,随着覆土轮的转动,覆土轮内的导土片把土输送到各个出土口,覆盖在种孔带上,种孔带镇压轮对种孔带进行镇压。

## 二、调整

1.整机的调整

各工作部件必须以每一工作单组的中心线为基准且左右对称来安装、调整。否则,铺膜质量得不到保证,行距也会发生变化。

2.行距的调整

机械式精量铺膜播种机的行距是指两个穴播器鸭嘴的中心线之间的距离。铺膜播种机使用前,应根据农艺要求进行行距的调整。具体调整步骤如下:

(1)调整各单组机架之间的距离,保证各单组机架之间的距离一致。调整时,先松开主梁的连接螺栓,左、右移动各单组机架,保证各单组机架之间的距离在规定的范围内。

(2)调整穴播器之间的距离。调整时,先松开后梁上的U形螺栓,螺母,左、右移动穴播器框架总成,使之达到规定的距离。同时,应注意以整机的中心线为基准,由主梁中心向左右逐一整。

**3.整形器(灭印器)的调整**

调整整形器时,应根据土壤情况而定。一般调整两次。第一次进行整体粗调,第二次进行微调。土壤疏松时,松开整形器的紧固螺栓,以镇压辊下平面为基准,将整形器下调15~30毫米,整形器的前顶端要向上抬头5~10毫米,调整好后拧紧整形器紧固螺栓。黏性土壤,土块比较多时,以同样的方法进行调整,整形器往下调整15~40毫米。短距离运输位置:拧松整形器紧固螺栓,将整形器移动到最上边的位置,将紧固螺栓拧紧。

**4.穴播器的调整**

(1)鸭嘴:鸭嘴必须紧固可靠,不得有杂物、泥土、棉线等堵塞进种口及输种通道;活动鸭嘴必须转动灵活,无卡涩现象,否则应进行修理或更换;动定鸭嘴开启时,其开口间隙应在12~15毫米;动,定鸭嘴闭合后,其开口间隙应不大于1毫米;否则应用手钳予以调校。

(2)下种量的调整:种量应保证在2~5粒/穴的范围内。如不符,应进行调整。改变分种器尾部充种三角区容积的大小可调整下种量。下种量与分种器尾部充种三角区容积的大小成正比,充种三角区容积增大,则下种量也增大。调整方法:松开穴播器紧固螺栓,打开穴播器,把穴播器内的分种器取出,将分种器缺口处用钳子夹小或放大,然后按原位置固定即可。

**5.开沟圆盘的调整**

调整开沟圆盘前,应先确定膜床宽度,一般为地膜宽度减去15~20厘米。先调整开沟圆盘的角度和深度,从后往前看开沟圆盘呈内八字形且与前进方向各呈17°~20°,根据土壤情况,因盘入土深入地表一般在50~60毫米;调整时松开顺梁上的卡子紧固螺栓,上下左右转动大立柱,即可实现深度和角度的调整;松开大立柱上的紧固螺栓即可左右移动开沟圆盘,实现圆盘之间的距离调整。

**6.覆土量的调整**

覆土量的大小与覆土圆盘的入土深度、左右位置、角度、土壤结构、播种速度等均有关系,要根据具体情况来做调整。圆盘的角度、深度加大,覆土量增多;反之则减少。种孔覆土厚度应在10~20毫米,覆土宽度应在40~60毫米。

深度调整:拧松圆盘固定管紧固螺栓,根据需要移动圆盘调整管至所需位置;

角度调整:松开圆盘轴固定螺栓,转动调整管使两开沟圆盘呈合适角度,拧紧紧固螺栓;

横向调整:松开圆盘轴固定螺栓,根据需要左右移动圆盘轴至合适位置,拧紧紧固螺栓。

7.覆土轮的调整

覆土轮主要的调整要求:覆土轮靠近膜边的第一个漏土间隙一般为15~20毫米,第二个漏土口的间隙一般为25~40毫米;漏土口的中心线一般应在鸭嘴的中心线外侧5毫米左右、种孔带镇压轮的中心线应与漏土口的中心线在同一条直线上,根据土质不同可进行适当的调整。

8.压膜轮的调整

调整压膜轮时,应使压膜轮走在开沟圆盘开出的沟内,并使压膜轮圆弧面紧贴沟壁,产生横向拉伸力使地膜平贴于地面,保证膜边覆土状况良好,减少打孔后种子与地膜的错位。

9.划行器臂长的调节

铺膜播种机在播种时的行走路线,可以采用梭式,向心式,离心式及套插式等不同的行程路线,使用不同的划行器。不同的对印目标,划行器的臂长也不同。

播种作业时,根据需调整划行器的长度,然后拧紧紧固螺栓。采用多台播种机连接作业或其他行走路线时,可用同样的方法来计算划行器臂长。按计算长度调整的划行器必须进行田间校正。在田间用试验法确定划行器长度也是一种很简便的方法。

## 三、使用

1.对种子土地及地膜的要求

种子:种子应清洁、饱满,无杂物、无破损、无棉绒。

土地:土地平整、细碎、疏松,无杂草、发物,墒度适宜。

地膜:膜卷整齐,无断头、无粘连,心轴直径不小于30毫米,外径不大于250毫米,地膜厚度应不小于0.008毫米。

2.播种前的试播

机具在正式播种前,用户必须先进行试播,在试播时要对机具进行一系列调整,使机具达到完好的技术状态,播种质量符合农艺标准和用户要求。

3.试播的要求

(1)试播要在有代表性的地头进行。

(2)试播时,拖拉机的行驶速度要和正常作业时的速度一致。

(3)在试播的同时检查播种质量(播深、穴粒数、株距、行距等)是否符合农艺要求。

(4)检查前述机具的挂接调整是否符合要求。

(5)检查机具的调整是否符合要求。

(6)检查划行器的臂长是否符合要求。

4.试播

(1)升起铺膜播种机,将地膜起头经展膜辊、压膜轮、覆土轮后压在地面上,然后降下铺膜播种机。

(2)调整拖拉机中央悬挂拉杆,使机架平行于地面。

(3)将膜卷调整到对称的位置,锁紧挡膜盘,保证膜卷有5毫米左右的横向窜动量,根据地膜宽度及农艺要求调整膜床宽度,开沟深度5~7厘米,圆盘角度为15°~20*,膜边埋下膜沟5~7厘米。

(4)加种:给种箱加种时,应在加种的同时缓慢转动穴播滚筒3~5圈,做到预先充种。

(5)以正常作业时的速度行进,同时检查播种质量,包括播深、穴粒数、株距、行距、覆土质量等。

## 四、保养

为保证铺膜播种机正常工作并且延长使用寿命,保养是必需的。

1.首次工作几小时后,检查所有紧固件是否紧固,如有松动,立即拧紧。

2.每天消除铺膜播种机上泥沙。杂物,以防锈蚀。

3.每班作业后,检查所有紧固件是否紧固,如有松动,立即拧紧。

4.每班检查各工作部件有无脱焊、变形或损坏,若发现问题,应及时予以校正或更换。

5.在机具到地头时,查看鸭嘴有无堵塞,上种箱,穴播器、输种管有无杂物堵塞。

# 第四节　气吸式精量铺膜播种机的维护技术

## 一、特点结构与工作原理

1.特点

(1)该机采用主副梁机架,工作单组通过平行四连杆机构与机架连接。

(2)滴灌带铺设装置直接连接在机架上简单实用。

(3)以梁架作为气吸管路,使机器结构简单,调整方便。

(4)点种器为气吸式结构,取种可靠。设计有二次分种机构,保证种子进入鸭嘴尖部的时间。

(5)各组工作部件都可以实现单独仿形,能最大限度地适应地块。

(6)设计有地膜张紧装置,使地膜与地面的贴合度好,减少打孔后种子与地膜错位。

（7）覆土滚筒采用大直径整体结构，使盛土量容积增大并提高滚筒的滚动能力。

（8）种带镇压轮采用大直径的零压胶圈，该结构不黏土并提高对种带的镇压效果。

（9）多处工作部件加装了预紧弹簧，增强了机器在工作中的稳定性和使用效果。

2.结构

气吸式精量铺膜播种机主要由主梁总成和工作单组两部分组成。主梁总成包括：大梁，下悬挂臂、风机总成、划行器、铺管装置。工作单组包括：单组机架、整地装置、铺膜装置、播种装置、种带覆土装置和种带镇压装置。另外根据用户要求还可在工作单组中加装施肥装置。

（1）风机总成：由风机、齿箱、传动皮带、上悬挂臂组成。

（2）整地装置：由整形器、镇压辊等组成，整形器可以上、下调节。工作时推土板先推开表层干土，然后镇压辊进行镇压，使种床光整密实，有利于展膜，改善土壤吸水性。

（3）铺膜装置：由开沟圆片、压膜轮，导膜杆、展膜辊及覆土四片等组成。

（4）铺管装置：由滴灌支架，滴液挡ã，滴灌管铺放架（浅埋式）等组成。

（5）播种装置：由种箱，输种管、加压弹簧、点播器及点播器固定框架等部件组成。点播器可随地形上下浮动，具有仿形效果，加压弹簧使点播器具有一定的向下压力，能较容易地扎透地膜。

（6）种带覆土装置：由覆土圆片、覆土滚筒及覆土滚筒框架等部件组成。

（7）种带镇压装置：由镇压轮、镇压轮牵引装置、挡土板等部件组成。

3.工作原理

铺膜播种机由拖拉机悬挂（牵引），工作时将拖拉机的液压操纵杆置于浮动位置，使铺膜播种机的框架处于水平位置。

随着机组的前进，推土板将拖拉机的轮胎印痕刮平，在推土板的导流作用下将不平整的土地整平，通过镇压辊的滚压作用将土壤压实，随后开沟圆盘开出膜沟。

机具行进时，地膜在导膜杆及展膜辊的作用下平铺于地面，压膜轮将地膜两侧压入膜沟中，同时也将地膜展平，覆土圆片及时将土覆在膜边上将地膜膜边压住，使地膜平整，防止播种时种穴错位。

由拖拉机动力输出轴通过万向节、齿箱总成及皮带轮带动风机转动，产生一定的真空度，通过气吸道传递到穴播器气吸室。排种盘上的吸种孔产生吸力，存种室内部分种子被吸附在吸种孔上。种子随排种盘旋转至刷种器部位，由刷种器刮去多余的种子，当排种盘快转到底部时，种子在断气块和刮种板的双重作用下，落入分种器。分种器转过一定的角度时，分种器中的种子再进入鸭嘴。当此鸭嘴再转动到下部时，动、定鸭嘴插入土壤中，通过点播器与地面的接触压力打开动鸭嘴，形成孔穴并将鸭嘴内的种子投入孔穴内。覆土圆片及时将土翻入覆土滚筒内,覆土滚筒在膜上滚动时,覆土滚筒内的导流板将土送到膜面上的种孔上,最后种行镇压装置镇压种行覆土带,完成整个作业过程。

## 二、调整

**1.整形器的调整**

调整整形器时,应根据土壤情况而定。一般调整两次,第一次进行整体调整,第二次微调。

(1)土壤疏松时:松开整形器的紧固螺栓,以镇压滚筒下平面为基准,将整形器往下调整15~30毫米,整形器的前顶端要向上抬头5~10毫米,调整好后拧紧整形器紧固螺栓。

(2)黏性土壤,土块比较多时:以同样的方法进行调整,整形器往下调整15~40毫米。

**2.穴播器的调整**

(1)本机所带穴播器都是经试验台精密调试合格的产品,各零、部件安装位置较合适,一般不要拆卸。

(2)如果发现空穴率增高和出现断条现象,一先检查鸭嘴是否被泥土堵塞;二检查梳籽板是否在合适的位置;三是打开观察孔,检查种室是否有塑料薄膜等废物堵塞吸籽孔,或缠绕在梳籽板上;四是检查种子在进种口及输种过道由于有杂物、泥土。棉线等堵塞的原因,种子出现架空现象;五是检查气压是否达到要求。由于气吸管漏气或风机皮带过松等原因,可造成气压达不到要求,设计气压要求是必须大于140毫米汞柱;六是检查气吸盘位置是否固定(气吸盘是靠其边缘上的小凸块与点种器侧盘小槽来固定位置的,由于在更换气吸盘时小凸块没有放入侧盘小槽或螺钉没有上紧,都会出现气吸盘的位置出现偏差);七是检查点种器的腰带位置是否符合要求(需要专业人员来操作)。

(3)根据农艺要求,如更换籽盘等必需打开穴播器。则可将穴播器总成卸下,放在干净的地方,取出种室盖,细心取出调整垫圈,卸掉两圈M6螺钉,拿出分籽盘,即可取出吸籽盘。安装前,首先检查大小O形密封圈是否在密封槽中,然后检查断气块及弹簧是否安装到位,再按图示位置安装吸籽盘。注意按原样装好调整垫圈及链条,盖好种室盖,转动穴播器无阻滞现象即可。穴播器腰带一般不要拆卸,如必须拆卸,应先做好标记,按标记装回。

(4)检查活动鸭嘴,活动鸭嘴必须转动灵活,不得锈死和卡滞。否则应及时进行修理或更换

(5)检查活动鸭嘴与固定鸭嘴相对位置,其张开度保持在10~14毫米范围内,否则

应予以调校。

(6)穴播器的正确方向是:穴播器工作时,从上向下看,固定鸭嘴在前,活动鸭嘴在后。

3.行距的调整

行距是指两个穴播器鸭嘴的中心距。

(1)首先找出机具纵向对称中心平面,从机具纵向对称中心平面开始向两侧进行调整。

(2)将种箱牵引卡板U形卡螺母松开,然后左右移动种箱穴播器总成,使之调到所需位置,锁紧牵引卡板U形卡即可。

4.开沟圆片的调整

(1)角度调整:松开圆片轴固定螺栓,根据压膜轮的位置移动圆片轴及转动安装柄使两开沟圆盘从后往前看呈内八字形且与前进方向各呈20°角左右,并使压膜轮正好走在所开的沟内,最后将紧固螺栓紧固。

(2)深度调整:将开沟圆盘安装柄紧固螺栓拧松,在膜床与镇压辊之间支垫70毫米厚的木块,根据需要将开沟圆盘调整至所需深度(一般将开沟圆盘底端刃口调到膜床以下50毫米左右),拧紧安装柄紧固螺栓。

5.覆土圆片1的调整

调整方法与开沟圆盘的调整方法基本相同。一般只需调整圆盘的角度及与地膜膜边的距离。

6.覆土圆片2的调整

覆土圆片2的作用是给覆土滚筒内供土,可根据覆土滚筒内土的需求量大小,调整圆盘的位置和角度。

调整至合适的覆土量后将紧固螺栓紧固。从后部看:覆土圆片呈外八字形且与前进方向各呈20°角左右。

7.覆土滚筒漏土口间隙的调整

(1)覆土滚筒靠近膜边的第一个漏土口的间隙一般为12~18毫米,第二个漏土口的间隙一般为15~25毫米。

(2)漏土口的中心线一般应在播种器鸭嘴的中心线外侧5毫米左右,根据土质不同可进行适当的调整。

8.压膜轮的调整

(1)松开压膜轮吊架轴上的紧固螺栓,左右移动压膜轮,调整到合适位置后拧紧紧固螺栓即可。

(2)调整压膜轮时,应使压膜轮走在开沟圆盘开出的沟内,并使压膜轮圆弧面紧贴沟壁,产生横向拉伸力,使地膜平贴于地面,保证膜边覆土状况良好,减少打孔后种子与地膜的错位。

9.划行器臂长的调节

（1）播种作业时，需安装划行器，并根据行距、行数和拖拉机的前轮轮距确定划行器的长度。划行器长度同时也可按驾驶员所选定的目标（即描影点）而定。

（2）放下划行器，松开划行器固定螺丝，调整划行器的长度至所需长度，再把固定螺丝拧紧。

（3）试播一趟，观察划行器的划痕是否符合要求，如不符合，再进行微调，直到符合要求为止。

10.风机的调整

在工作，注意调节风机皮带的松紧，如风机内部有异响注意停车检修。

11.整机的调整

在试作业过程中观察作业质量是否满足要求，必要时调整以下部位。

（1）调整拖拉机两侧提升杆的长短，可使机器保持左、右水平。

（2）调整上拉杆的长短，可使机器保持前、后水平。

（3）机具的两个水平状态调整好后，锁定两个下牵引杆的张紧链条，保证机具作业时不摆动。

（4）限位链的调整：在工作时，限位链应偏松一点，而在提升过程和机器达到最高位置时，限位链要确保机器左、右摆动不致过大，更不能与拖拉机轮胎等碰撞。

## 三、使用

1.对地膜、土地及种子的使用要求

（1）种子清洁、饱满，无杂物、无破损、无棉绒。

（2）土地平整、细碎、疏松，无杂草、杂物，墒度适宜。

（3）膜卷整齐、无断头、无粘连，心轴直径不小于30毫米，外径不大于250毫米。

2.播种前的调试与试播

在正式播种前、必须先进行试播。

（1）对机具进行试播调整的前提条件是：机具的挂接调整符合要求，机具的前后、左右与地面呈平行状态，点播器框架保持水平，保证鸭嘴开启时间正确。

（2）试播要在有代表性的地头（边）进行。试播时拖拉机的行进速度和正常作业时的速度一样，同时要检查播种质量，包括播深、穴粒数、株距、行距、覆土质量等。

（3）悬起铺膜播种机，将地膜起头从导膜杆下面穿过，经展膜辊、压膜轮、覆土滚筒，用手将地膜起头在地面上，然后降下铺膜播种机。

（4）将宽膜膜圈调整到左右对称的位置，锁紧挡膜盘，保证膜卷有5毫米的横向窜动量，根据地膜宽度及农艺要求调整膜床宽度，开沟深度5~7厘米，圆盘角度为20°左右,膜边埋下膜沟5~7厘米。

(5)连接动力传动轴,使风机转动,在小油门的条件下磨合4小时。

(6)加种:给种箱加种时,加种后缓慢转动穴播滚筒1~2圈,做到预先充种。

(7)调整拖拉机中央悬挂拉杆,使机架平行于地面。

(8)最终达到膜床平整、丰满,开沟深度、膜床宽度及采光面符合要求,宽膜膜边埋膜可靠,覆土适当,铺膜平展,孔穴有盖土,下种均匀,透光清晰等。

3.正式播种

正式播种时需要注意以下问题:

(1)风机转速控制在4 200~4 500转/分钟,即吸籽盘孔气压150~170毫米汞柱(1毫米汞柱≈133帕)。

(2)行走速度控制在3~4千米/小时。

(3)风机每班加油一次,采用2号锂基低噪声润滑脂。

(4)每班清理两次穴播器种盒,注意观察吸籽盘孔是否有堵塞,或吸籽不稳现象。

(5)在地头应从观察口检查种室是否有种。

## 四、保养

为保证您的铺膜播种机正常工作并且延长使用寿命,保养是必需的。

1.首次工作几小时后,检查所有螺栓和螺母是否紧固。

2.定期给下列部件加注润滑油(脂)但要节约。

# 第五节　马铃薯施肥种植机的维护技术

马铃薯施肥种植机具有一次完成开沟、施肥、播种、覆土、镇压五项功能,与传统人工、半机械化或小型机械化种植方式相比不仅大大减轻了人员劳动强度,而且也减少了拖拉机拖挂机械的进地次数,更重要的是提高了作业效率和种植精度,抢占了农时。

## 一、主要零部件结构及作用

马铃薯施肥种植机,由机架、肥箱及施肥装置、复合开沟器。种箱及播种架、传动装置、地轮、清种装置、覆土铧、镇压轮等几大部分组成。

1.机架:由方管与槽钢、角钢等焊接而成,是本机的基础和骨架,在它的上面安装所有的零部件,播种行距的调整也在此上实现。

2.肥箱及施肥装置:肥箱通过支架固定在机架上,箱底装有尼龙材质的外槽轮式施肥盒,盒出口与复合开沟器顺肥管通过塑料软管连接,传动装置带动外槽轮转动使肥料流入肥沟内。

3.复合开沟器:开沟器形式采用芯铧式,上焊有顺肥管2根,其开沟及施肥位置处于薯种两侧方,可保证播种时肥料与薯种的隔离及后期生长养分的有效供应。两边外侧板回土后形成一定斜度的沟槽,可保证播种时使每一播种行中两排种勺落下的种薯汇流到沟底,保证了行距精度。

4.种箱及播种架:播种架上装有上、下升运轮、安装钢制舀勺的取种带。电振动轮。种箱、清种装置等主要工作部件,是整个机器的核心。种箱为一体式结构,种箱内的薯种通过安装在取种带上的小勺逐个连续舀取,然后随上、下升运轮的转动将薯种运送至取种带最高位置,此时小勺翻转90°后将薯种倾倒在同列安装的前一个勺的外底面,当此“前一个勺”运动到取种带最低位置时将薯种从播种架槽板中脱出后落入种植沟内,从而实现了薯种的种植。

5.传动装置:本传动装置为侧箱式传动,其最大特点为株距调整范围广,调整极为方便。其传动原理为:由安装在地轮轴上的塔轮与中间轴里侧塔轮连接,中间轴外侧链轮露在传动箱内,它为播种架驱动链轮;中间轴塔轮还与施肥装置驱动链轮连接,驱动外槽轮施肥器;地轮轴上的塔轮又与清种轴驱动链轮连接,使播种架下种箱内的导种盘杆摆动。其中株距的调整靠传动箱内的上下传动轴间的挂轮组合来实现。

6.地轮:工作时支撑整机重量并在拖拉机的牵引下驱动播种与施肥装置的运转,它是整个种植机的动力源。

7.清种装置:此装置包括截流、导种、清种等机构,对舀勺式取种方式,种粒的单一化目标,只有通过这些机构联动才可能实现。截流采用转动托板与胶板来控制供种量,导种采用摆杆不断拨动种薯下移,清种通过分离杆拨动与电振动相结合来保证舀勺取种的单粒化。

8.覆土铧:采用组装式结构,入土深度可调,翼板展开宽度可调,以适应不同种植户垄距、垄形等要求,根据垄距从中间到两边安装3套。其作用是将复合开沟器开出的沟沿土覆回沟内盖住种薯并形成垄型。

9.镇压器:由镇压轮、轮架、压力弹簧、调整螺杆等组成,其作用是将覆起的土壤压实,避免垄土漏风,合土保墒,利于种薯发芽生长。

## 二、调整

种植机使用前应检查各部分连接处密封与牢固情况,尤其是肥管与排肥盒出口及复合开沟器顺肥管入口应连接牢靠。传动装置中各级链轮,链条处应点注润滑油脂,有黄油嘴处要加注润滑脂。用销轴将种植机的三个悬挂点与拖拉机悬挂机构的中央拉杆和纵向拉杆连接在一起,粗调各拉杆长度,协调工作与运输状态关系,紧固拖拉机悬挂机构纵向拉杆的下斜拉索,确保种植机悬挂后工作与运输状态时不摆动,在拖拉机前保险杠加配重铁块,以保证系统纵向稳定。

1.垄距调整

为适应不同地区种植要求,机具有5种可调垄距,分别为700、750、800、850、900毫米。调整时移动播种架并将其固定在机架的安装孔上,以机器对称中心为准将左右侧播种架向两边移动,离对称中心最近的一组安装孔可确定垄距为700毫米,依此向外可确定垄距为750、800、850、900毫米。播种架间、播种架与传动箱间以万向轴连接,调整时万向轴两端的U形叉子与各传动轴以M10螺钉顶紧不动,只有其中间伸缩插管间可相对移动,既适应了垄距变化,同时又传递了扭矩。然后随垄距相应移动复合开沟器,关键要使各个种植开沟器开沟刃与各个播种架单体对称中心一致,且其两种植开沟器距离与确定的垄距相同。调整后分别将其固定在机架上。

2.株距调整

工作过程中通过变换播种架驱动轴上的链轮ZI(从16至29计19种齿)与中间轴外侧链轮上的ZII(从29至16计19种齿)之间的链轮组合来实现株距的调整。可先松开中间张紧轮拉链使传动链条处于松弛状态,再根据实际种植株距要求选择好上下轴链轮ZI与ZII,并将其安装在各自的传动轴上,注意使传动轴上的座销插在链轮上的两个孔内,然后用自锁销锁紧,最后用拉链将链条张紧。

3.精量播种控制

(1)种薯分级及皮带张紧度调整。为实现精量播种的目的,应首先用30/50毫米方形网孔筛对种薯进行分级,其中能通过50毫米而不能通过30毫米的不仅适合采用基本钢勺取种种植,而且薯块大小适中能为幼苗提供足够的营养。在此基础上,还需利用安装在播种架上的其他机构运动调整的配合来保证种植精度。为避免皮带打滑,应调整取种带张紧程度,具体可转动播种架最上端的调整手柄通过压紧两侧的悬挂弹簧来实现,调整时应保持两边具有相同的张紧力,以免皮带跑偏。

(2)消除重种现象的振动力调整。为减少和控制取种勺拖带两个或以上种薯,尽量消除重种现象,本机采用播种架上安装电机振动轮的方法,在小勺取种和升运时通过振动轮刺激皮带以适当的频率和幅度抖动,从而去掉小勺多舀取的种薯,能使种勺保持存留一个种薯状态而实现精量播种的目的。

首先,将电机电源线与拖拉机驾驶室内的12伏蓄电池输出电源接头相连接,连接方法为将2台电机电源线并联在蓄电池输出电源接头处并用螺母压紧,若松动会造成摩擦打火现象而影响电机正常工作。电机控制开关设置在驾驶室内,便于驾驶员操纵,电机电源线暴露在驾驶室外的部分要注意零、火线在接头处的隔离和防水,坚决避免短路现象的发生。每次播种前应先做电机电源线连接后的试运转,观察电机运转是否正常,仔细聆听电机运转时的声音是否正常,当一切均正常后再进行下面的操作。

具体可根据重种程度来调节振动力的大小,松开手轮使振动力调整摆板转动从而带动电机振动轮靠近或远离取种勺安装皮带。手轮向上移动时振动力增大,重种程度较重时采用;手轮向下移动时振动力减小,重种程度较轻时采用。观察振动力合适后锁紧手轮。

(3)供种流量的调整。安装在播种架种箱下外侧的调整定位板上连接固定着外转柄,此外转柄与播种架内安装的闸板属同一相位角,因此转动外转柄也即带动闸板做同向旋转,从而改变了薯种的流动层厚度,也就改变了薯种的流量。将外转柄向右上方旋转可使薯种流量变小,反之变大。

**4.施肥量的调整**

先调节各排肥盒的排肥量,方法是把固定在传动轴上的排肥盒两边的内六角卡子松开,根据施肥量要求窜动组排肥外槽轮及固定轮相对于排肥盒两边的位置,外槽轮露在外面的部分越多则留在肥盒中的部分越少其排肥量也就越少,按此将左右肥箱下面肥盒中的外槽轮调整好后将对内六角卡子重新固定在传动轴上。然后根据工作过程中施肥量变化要求,通过整体窜动传动轴的方法同时改变两肥盒中外槽轮露在外面的部分,具体可将锁紧螺母松开,拧动肥量调节旋柄能使传动轴带动个排肥盒中的外槽轮,固定轮,内六角卡子等一起相对于每组肥盒发生位置窜动,从而可简单方便地在工作过程中进行施肥量的调整。

**5.种植深度及生形的调整**

首先根据栽植深度要求确定复合开沟器与覆土铧的位置高度,然后将各铧柄沿各自的铧柄裤进行上下窜动,调整到合适的高度位置后用顶丝定位并锁紧。根据垄距大小适当调整各覆土铧两翼板开度即可获得宽窄不同的垄形,利用镇压轮支架,上的压紧弹簧可实现垄形压实度的调整。

## 三、保养

马铃薯播种机应在经耕耘、松碎、洁净、平整后并具有适宜含水率的土壤上使用,使用过程中要及时保养,以保证机器可靠安全的使用,保养内容如下:

1.对各转动部位应按使用要求每班次进行检查和注油保养,尤其是链条处除按时注油保养外,还需检查其张紧度并相应调整张紧装置,对在轴上通过移动来确定其工作位置的链轮一定要注意将其定位后用紧固螺钉锁紧。

2.对各连接部位要经常检查其紧固程度,一有松动应马上锁紧。

3.对在工作过程中出现的有些工作部件粘土现象要随时进行清理,以免影响正常作业。

4.为达到精密播种及稳定作业的目标要求,花一些时间对薯种按尺寸大小实施分级是很有必要的,它能够最大限度地发挥机器的效能,不仅可以保证节省后续作业过程时间,而且使地力、肥效因精密播种而获得了最大程度的利用。

# 第六节　旱地膜上自动移栽机的维护技术

## 一、结构及工作原理

### 1.结构

旱地膜上自动移栽机主要由传动及行走,覆土,气路、移盘,取苗掷苗、投苗、打穴、栽植、镇压八个系统组成。在机架前部连装有牵引架、压缩机、储气罐、皮带轮和齿轮箱,皮带轮连动压缩机,压缩机与储气罐连通。皮带轮,齿轮箱,旋刀顺序连动。

### 2.工作原理

(1)该机与拖拉机(30~50马力,1马力=735.499瓦)配套使用,采用全悬挂式连接,由拖拉机牵引行走。

(2)拖拉机后动力输出轴带动移栽机前万向节传动轴转动,通过上变速箱输出动力带动气泵工作和覆土装置。

(3)打开PLC控制开关,PLC工作,通过接近开关和电磁阀控制取苗掷苗机构的气缸,穴盘移动机构气缸和分苗箱控制开关气缸有序的工作。

(4)移栽机上的两地轮转动,通过链轮、链条和转动轴带动间隔齿轮箱的工作,取苗掷苗机构的旋转;利用偏心轮机构,连杆机构和凸轮机构使吊杯完成打孔、栽苗工序。旱地育苗自动移栽机,主要适用于穴盘辣椒苗和番茄苗的种植。

## 二、性能特点

1.机具采用了机电气结合技术,将气压技术、PLC控制技术和机械技术相结合,实现了移栽机无漏栽苗和伤苗现象发生,保证了秧苗移栽机质量和成活率,同时实现了移栽机自主栽苗,解决了人工移栽过程中的深浅不一,株距不均,移栽效率低等缺点。

2.机具在原半自动移栽机的基础上设计增加了PLC控制系统,气压系统、钵盘移动装置,取苗掷苗装置和分苗投苗装置,一次性实现栽植覆土作业,同时解决了大面积栽植作业的问题。

3.机具采用链轮、链条等转动,传动比可靠,移栽株距准确。通过调整链轮,可实现180~350毫米的株距;调整苗深调节器上的调整丝杠可实现50~100毫米的栽植深度。

4.移栽机每小时可移栽8 000~12 000株,每天可实现栽植10~25亩。

### 三、保养

1.使用前要给各个气管加少许机油;穴盘苗基质的含水率要控制在适当移栽的范围;对各指定部位加入规定量的指定润滑脂;每天使用前检查一次各紧固件有无松动或脱落,检查各个气管之间的连接是否松动。

2.作业中要随时观察移栽机作业状态,转动部位润滑要良好。发现问题应及时注油或停车检修。

3.每次作业结束后要及时检查各部位螺栓是否有松动现象,发现异常及时矫正。

4.作业中应及时清理钳嘴板上的泥土,以免影响移栽质量。

5.长期停放不用时,应涂油防锈蚀。

### 四、常见故障及排除

旱地自动移栽机的常见故障及排除方法见表4-1。

**表4-1 常见故障及排除方法**

| 故障 | 产生原因 | 排除方法 |
| --- | --- | --- |
| 钳嘴闭合不严 | 有黏土粘到钳嘴板上 | 清除钳嘴上的粘土 |
| 取苗执行器取苗不稳 | 取苗执行器的夹片上橡胶皮脱落 | 更换取苗执行器的夹片上橡胶皮 |
| 栽植过程出现大批漏苗 | 接近开关被其他杂质挡住 | 清除杂质 |

## 第七节　辣椒移栽机械的维护技术

### 一、农艺要求

1.漏栽率≤5%、栽植频率≥55株/(分钟·行)。

2.栽植合格率≤90%;移栽机按1穴1~2株(育种时一般为1~2株每钵)模式栽培,中晚熟菜椒及铁皮椒每亩栽苗4000~4 500株,早熟板椒每亩栽苗4500~5 000株,线椒每亩栽苗6 000~6500株。

3.播种行距为55厘米+28厘米宽窄行,为"一膜四行"种植,点播株穴距为15~18厘米。

### 二、调节

1.移栽机主体的调节

(1)底盘栽植器横梁必须保持与地表面平行,可通过驱动轮上调节手柄和悬挂架处的拖拉机上拉杆来进行调节。

（2）调节弹簧，以保证在工作时底盘横梁不会触碰到转动中的苗杯轮的边缘，需要始终保持1.5~2厘米以上的活动空间，允许在起伏地形上的主动轮的上下的摆动量。

（3）钵苗移栽时插入土壤的深度由栽植器限深轮和驱动轮上调节手柄来调节。还可以通过三点液压悬挂的连接与调节弹簧进行联合调整。

（4）移栽钵苗的直立事与栽植器和驱动轮之间的转速比及鸭嘴入土角度有关。因此，在调节株距更换栽植器和驱动轮上链轮时，尽量选用驱动轮链轮与栽植器传动链轮的比值大于1.27，以保证直立率。视情况需要、适当调节栽植器下侧面的鸭嘴角度调节手柄，提高直立率。

2.移我机行距的调节

通过调节安装在底盘横梁上的移栽单元的间距来实现。松开与移栽单元相连的座椅底架压板上的螺母，移动移栽单元到要求行距，拧紧螺母。

3.移栽机株距的调节

通过更换栽植器盘上安装鸭嘴杯的数量及调节传动链轮Z和驱动轮侧链轮Zn的数比而定。

4.移栽机投苗盘转速的调节

投苗盘的转速必须要与栽植器的转速匹配，才能使苗杯中的钵苗准确地落入栽植器的鸭嘴杯中。根据栽植器上鸭嘴数来配置投苗盘上输入链轮21齿数。链轮匹配好后，还要调整投苗杯开口时间与鸭嘴杯接苗时间的衔接。需更换的链轮装在投苗转盘下部。

5.移栽机投苗杯与鸭嘴杯衔接的调节

为保证投苗杯中的钵苗能顺利进鸭嘴并进行移栽，就必须检查并调节两杯之间的衔接。将投苗盘链轮21的张紧轮松开，转动驱动轮使其中一个鸭嘴杯转至导苗筒下方出口处，再转动投苗转盘，让其中之一个投苗杯处在导苗筒上方刚进入导苗筒接口的位置，此时用投苗盘链条将两传动链轮固定并紧固张紧轮。如果投苗杯进到导苗筒上迟开或早开投苗嘴，调节导轨位置。

6.移栽机铺膜宽度的调节

移栽机铺膜装置适应700~1 200毫米宽的地膜。根据需要用宽度的地膜，将其装在膜卷3的模架上，用挡盘将膜卷固定在模架中间，相应调节开沟盘4、压膜轮6和覆土板7的位置和角度。松开其上的定位调节螺栓，移动或转动到合适位置再将螺栓拧紧固定。如有必要，根据窄膜要求，更换长度短的备用展膜辊。

更换方法是：将展膜辊5连同吊杆一起卸下，拆下一端开口销和垫圈，将膜辊从轴上取下，并将膜辊中的轴承取下，装在需更换备件中的展膜辊焊合上，再穿上轴，调到中间位置，用垫圈和开口销定位，再装上吊杆固定到机架上。

### 三、使用

1.本机器属悬挂式移校机,必须由拖拉机在前方牵引。拖拉机必须具备标准的三点液压悬挂装置,由用户视所购机型选择合适的拖拉机。

2.移栽机平时不用时,要平放在仓库的水平地面上。为防止移动给机器带来损伤,将驱动轮传动链条脱开传动链轮,使我植器鸭嘴不能转动。不要让鸭嘴接触地面受力。可调节驱动轮高度或将栽植器垫起。

3.在移动移栽机时,要使用拖拉机的后悬挂缓慢升起移栽机,确定好位置后,级缓放下后悬挂,将移栽机平稳放置在地面上。注意:急速升降后悬挂上的移栽机与地面的撞击,将会导致机械部分的破损或变形,由此引起的故障将导致质保期的人为因素中止。

4.机器停放在坚硬地面(地板、广场、马路等)上千万不可移动,尤其不能倒退,否则会导致机械传动部件的变形或损坏。

5.同时在运输过程中和田间工作时,拖拉机驾驶员需避免突然的急转弯,由于单元部件相距较近,重量较大,这种动作可能会损坏机器。

### 四、保养

为了保证机器的正确操作,保证较长的使用寿命,制造厂家建议按照下列方法保养机器,下列维护措施必须在确认机器没有任何工作之后进行:

1.定期检查所有关于震动的部件的螺栓。

2.定期检查并调节固定座位的螺栓。

3.检查调整各组链条的磨损状态。

4.定期给带油杯的轴承加润滑油,检查并润滑横梁上的连接件。

5.定时的去除链条上的浮土及油泥。

6.每天作业后将投苗杯和鸭嘴杯上泥土清理干净。

7.检查轮胎气压是否足够,气压为200千帕。

所有的维护操作都要在移栽机与拖拉机分离之后进行,移栽机应停放在有良好支撑的稳固地方进行。在维护期间,在任何情况下要更改移栽机的尺寸、连接螺栓的种类和机器上的任何材料,都必须使用机器原装的部件。

# 第四章　地膜覆盖机械使用与维护

地膜覆盖栽培技术,是一项见效快、经济效益高的科学栽培技术。它可以提高耕作层土壤的温度,改善土壤的水分、养分和近地层的微气候状况,使土壤的物理性状向有利于作物生育的方向变化,从而人为地控制作物的生长,减少或消除由于无霜期短、春季干旱。低温等不利因素对作物的影响,使某些蔬菜、经济作物和粮油作物提前成熟、改进品质、提高产量。本章将对地膜覆盖机械使用与维护进行详细的阐述。

## 第一节　种类与用途

### 一、地膜覆盖的意义和农业技术要求

#### (一)地膜覆盖的意义

地膜覆盖栽培技术是现代化农业生产的一项重大技术措施。地膜覆盖能提高地温,保墒保肥,增加光照,减轻病虫草害,并有防止土壤返盐碱作用,作物可早播早熟,增加产量。地膜覆盖技术主要应用于棉花、黄烟、花生、玉米、大豆、瓜果、蔬菜、大蒜等作物。

#### (二)地膜覆盖的农业技术要求

地表平整细碎,无杂草、残茬和残膜,畦形规整;薄膜紧贴地面,紧度适宜;膜边要压实封严,不得被风吹跑,又不影响畦面采光;薄膜质量好,厚度适中,以 0.012~0.015 mm 为佳;耕整地后要及早覆盖,以防水肥散失。

### 二、地膜覆盖机的构造

地膜覆盖机也简称铺膜机。目前我国各地研制的各种类型地膜覆盖机具已达 40 多种,名称繁多,型号各异,尚无统一标准,但其工作原理和使用方法基本相同。按动力方式不同可分为人力式、畜力式和机动式三种类型。按完成作业项目不同可分为单一铺膜机、作畦铺膜机、播种铺膜机、铺膜播种机和旋耕铺膜机五大类。

1.单一铺膜机

单一铺膜机主要由机架、开沟器、挂膜架、压膜轮、覆土器等部件组成。工作时能在已耕整成畦的田地上一次完成开沟、铺膜、覆土等作业。该机结构简单,使用调整方便,应用面广,特别适合于中小块农田的铺膜作业,但功能比较单一。

2.作畦铺膜机

作畦铺膜机是在单一铺膜机上增加作畦和整形装置,作业时可在已耕整过的田地上一次完成作畦、整形、铺膜及覆土等多项作业,适用于垄作铺膜后打孔播种和孔上盖土作业。

3.播种铺膜机

播种铺膜机是将定型的播种机与铺膜机有机组合为一体,在已耕整田地上可一次完成播种和铺膜作业。幼苗长出后,需人工适时开穴放苗,放迟了会烧死幼苗。

4.铺膜播种机

铺膜播种机与播种铺膜机的不同在于先铺膜,而后在铺好的薄膜上打孔播种,并在孔上覆土、镇压。这种铺膜机还可以加装排肥装置,在前面施肥。出苗后不需人工放苗,省工安全,能保证苗齐、苗壮、苗全,适用于大面积铺膜作业,但机型较复杂,对使用技术要求较高。

5.旋耕铺膜机

旋耕铺膜机是一种集旋耕、作畦整形、铺膜于一体的复式作业机具,机械化程度较高,省工、省时、生产率高,但结构较复杂。

# 第二节  机构与工作过程

## 一、塑料薄膜地膜覆盖

地膜覆盖是塑料薄膜地面覆盖的简称。地膜覆盖是一项适合我国国情,适应性广,应用量大,促进覆盖作物早熟、高产、高效的农业新技术。它是用很薄的塑料薄膜紧贴或靠近地面进行覆盖的一种栽培方式,具有提高地温或抑制地温升高、保墒,保持土壤结构疏松,降低土壤相对湿度,防治杂草和病虫,提高肥效等多种功能。是现代农业生产中既简单又有效的增产措施之一。地膜的种类很多,应用最广的为聚乙烯地膜。

### (一)地膜的基本覆盖技术与保存

采用塑料地膜覆盖栽培作物对相应的田间管理有相应要求,只有将两者配合好才可收到增产的效果。地膜覆盖栽培也可以说是一种"护根栽培",对不同的作物,相配合的田间管理作业也不同,为了有效地发挥这项技术的作用,必须因地制宜地做好以下工作。

1.整地

在充分施用有机肥的前提下,提早并连续进行翻耕、灌溉、耙地、起垄和镇压工作,有条件的地区最好进行秋季深耕。

2.起垄

垄要高,一般做成"圆头形",也就是垄的中央略高,两边呈缓慢坡状而忌呈直角,如此,铺盖薄膜容易绷紧,薄膜与地表接触紧密。

3.盖膜

一般先铺膜后播种,最好在无风晴天作业。要求拉紧薄膜、铺平,紧贴畦面,在两侧用土压紧,垄沟作业处不必铺覆。膜面上适当间隔处压些小土块,防止被风掀起,破坏薄膜。

4.地膜在使用中可通过收藏进行重复使用

通常的收藏方法有以下几种:一是干袋存法,即把地膜洗净叠好,装入塑料袋,扎紧袋口,放在湿润、阴凉的地方,不要接近热源,防止阳光照射变质。二是草芯卷藏法,把洗净晒干的薄膜卷成筒状,中间加稻草作芯,以便通风透气。卷膜时最好加点滑石粉避免粘连,然后将卷好的薄膜放在仓柜等处,注意防高温、高湿和鼠害。三是水存法,洗净地膜,卷成捆或叠整齐,放入缸、池内,在地膜上压上重物,倒入清水淹浸地膜,然后加盖遮阳物。四是土存法,将地膜洗净,叠好或卷成捆,用塑料袋包装好,挖一个80 cm深的土坑,把地膜放入,上面覆盖30 cm厚土。五是窖存法,将洗净的地膜,随即带水滴叠好,装入塑料袋中,用细绳扎紧袋口,放入地窖。

**(二)地膜的覆盖形式**

1.平畦覆盖

畦宽同普通露地生产用畦相同,一般为1.0~1.6 m,多为单畦覆盖,也可以联畦覆盖。将地膜直接覆盖在栽培畦的表面,除在保护地内进行短期临时覆盖外,无论露地或保护地内均要把地膜张紧,周边用土压牢,以提高覆膜效果。

这种覆盖方式操作简便,易盖易揭,尤其是对播种床覆盖,地膜可多次运用,具有良好的保湿效果,土壤增温效果低于高畦,但作为长期覆盖的膜面易被泥土污染。临时性覆盖主要在冬春低温季节进行,用于各种蔬菜育苗时,覆盖播种后的床面,保湿增温,促进种子尽快出土,避免种子"戴帽"出土。也可在早春覆盖越冬蔬菜,收到早萌动生长、早上市的效果。如覆盖越冬菠菜、小葱、韭菜等。长期覆盖主要用于露地草莓秋播大蒜、秋植洋葱等。

2.高垄、高畦覆盖

施肥耕地耙碎整平后做成高垄,宽40~50 cm,高10~15 cm,垄面覆盖地膜。在冬春低温季节采用高畦,为避免定植水太大降低地温,可在做高畦前于高畦中央位置开沟浇水,水渗后培植高畦,畦宽60~70 cm,高10~15 cm,高畦间距一般为40~70 cm。畦面上覆盖地膜,周边用土压牢。

这种覆盖方式畦面呈弧形,地膜紧贴地面,具有良好的保墒增温作用,尤其土壤增温比平畦覆盖高1~2℃,并且膜下高温具有杀死嫩草芽,抑制杂草生长的作用。

高垄覆盖早春定植茄子、辣椒和黄瓜等,也可种植马铃薯、点播地芸豆、架芸豆和架豇豆等。冬季日光温室用高畦覆盖种植草莓,早春日光温室和塑料薄膜棚内用高畦覆盖定植茄子、辣椒、番茄和黄瓜等;露地早春用高畦覆盖定植甘蓝、莴笋、黄瓜等。

3.高畦沟覆盖

在高畦上开两条沟,宽15cm左右,深15cm左右,拍实沟壁,在沟内按计划株距定植秧苗,苗高可斜栽,然后畦面覆盖地膜,四周用土压牢。缓苗后膜内温度高时,可在膜上用点燃的烟头烫圆孔通风,晚霜过后开孔放苗,并逐渐培土防植株倒伏。

这种覆盖方式具有地膜覆盖与小拱棚的双重效应,不仅地温高,还可抵御晚霜及风害,比一般高畦覆盖早定植5~10 d,使采收始期提前1周左右,前期产量增高。除适用于甘蓝、花椰菜、番茄、甜椒、茄子等栽苗蔬菜外,也适宜点播豆类蔬菜。

4.沟畦覆盖

沟畦覆盖又叫改良式高畦地膜覆盖,俗称天膜。在施足底肥,耕地耙碎整平后,做宽45~60cm,深15~20cm的沟畦,沟畦间距根据栽植蔬菜种类掌握在40~60cm。在沟畦内定植2~3行,高秧或搭架的蔬菜定植两行。沟畦较窄时可直接覆盖地膜,沟畦较宽时也可用竹竿插拱架后覆盖地膜,但要在膜上用压杆或压膜绳将膜固定,避免膜被风吹坏。当幼苗长至将接触地膜时,把地膜割成十字孔,将苗引出,使沟上地膜落到沟内地面上,故将此种覆盖方式称作"先盖天,后盖地"。

这种覆盖方式的效果比高畦沟覆盖好,适宜种植的蔬菜种类与高畦沟覆盖相同。

5.马鞍畦覆盖

此畦规格和做畦方法基本上和高畦覆盖相同,不同点是在高畦背中央设一道沟,沟宽25 cm左右,深10~12 cm,供冬季浇水追肥之用。

这种覆盖方式的特点是在膜下沟内浇水,能够减少水分向外蒸发,起到减少浇水次数和数量的作用。所以在日光温室冬季栽培黄瓜、西葫芦、厚皮甜瓜、番茄等多采用马鞍畦覆盖,尽量减少浇水,提高地温,降低室内空气湿度,减轻病害。

**(三)地膜覆盖的技术要求**

地膜覆盖的整地、施肥、做畦、盖地膜要连续作业,不失时机,以保持土壤水分,提高地温。在整地时,要深翻细耙,打碎坷垃,保证盖膜质量。畦面要平整细碎,以便使地膜能紧贴畦面,不漏风,四周压土充分而牢固。灌水沟不可过窄,以利于灌水。做畦时要施足有机肥和化肥,增施磷、钾肥,以防因氮肥过多而造成作物徒长。同时,后期要适当追肥,以防后期作物缺肥早衰。

由于地膜覆盖后,土壤水分上移,理化性状与裸地有较大区别,在肥水管理上也要特别留意,在设施栽培条件下,通常推广膜下滴灌供水供肥。在膜下滴灌或微喷灌的条件下,畦面可稍宽、稍高;若采用沟灌,则灌水沟要稍宽。地膜覆盖虽然比露地减少灌水大约1/3,但每次灌水量要充足,不宜小水勤浇。生产上采取何种地膜覆盖方式,应根据作物种类、栽培时期及栽培方式的不同而定。

## 二、地膜覆盖机的使用和维护

### (一)主要调整

1.整形器的调整

封闭式整形器左右侧板间的距离应等于畦宽,不符合要求时可调整左右侧板。

2.挂膜架的调整

挂膜架靠圆锥顶尖卡紧薄膜卷心轴,卡得过紧,易把薄膜拉断;卡得过松,易造成薄膜纵向拉力不足,覆膜起皱,同时膜卷易振动脱落。调整时必须使夹紧力适当,可松开紧固螺钉进行调整,且挂膜架的左右位置应保证膜卷与整形器中心线重合。

3.畦面镇压辊的调整

调整镇压辊的上下位置或弹簧张力,可改变镇压轮对畦面的压力。

4.压膜轮的调整

压膜轮的压紧力可通过改变压力弹簧的紧度来调整,并注意左右两轮压力一致。压膜轮的横向位置应使压膜轮压在薄膜边缘。

5.开沟器和覆土器的调整

二者的安装宽度应与作畦宽度相适应。开沟深度或覆土量可通过改变入土深度或偏角大小来调整。

### (二)使用注意事项

1.铺膜作业前施足底肥,土壤水分要适宜。

2.膜卷应紧实,两端平齐,薄膜无皱折和双层,断头要少。膜卷直径不宜过大,幅宽应按作物要求进行选择。

3.作业开始前,调整拖拉机悬挂机构,使铺膜机架位于水平位置。扯出一段薄膜,从前往后压在压膜轮下,端部用土压牢。

4.拖拉机起步要平稳,行驶要直,作业速度要均匀,不得忽快忽慢。

5.地头转弯时,由跟机人员切断薄膜,用土压牢,防止被风吹起,然后将机具升起,再调头。薄膜断条或中途更换薄膜时,接头处应重复1 m并用土盖好。

### (三)地膜覆盖机的构造

地膜覆盖机的基本工作部件有作畦整形部件、铺膜部件和覆土部件等。

1.作畦整形部件

作畦整形部件包括开沟器和整形器。开沟器用于作畦或起垄,有圆盘式和铧式两种。整形器用于畦面整形,使畦面规整。

用圆盘开沟器作畦,阻力小,畦两侧起形明显。若再配以封闭式整形器,当土壤水分适宜、圆盘工作深度适当时,可得到规整而丰满的畦形。圆盘开沟器和封闭式整形器配套使用时,圆盘工作深度对作畦整形质量影响很大,必须注意调节。

铧式开沟器结构简单,入土性能好,但工作阻力较大。单用铧式开沟器作畦,畦形不太规整,若再配以封闭式整形器,作畦质量会明显提高。

还有的铺膜机,如作畦铺膜机,采用左、右收土器和人字形整形器配合进行作畦整形。

2.铺膜部件

铺膜部件包括挂膜架、压膜轮和畦面镇压辊等。

(1)挂膜架。用于安装膜卷,其安装宽度可用松开紧固螺钉进行调节。

(2)压膜轮。用于将薄膜横向拉平拉紧,将薄膜两边缘压入小沟。压膜轮有左、右之分,其轮缘上固定软材料,防止压膜时划伤地膜。

(3)畦面镇压辊。畦面镇压可分为膜前镇压和膜后镇压两种形式。

膜前镇压用于将畦面压实,把土块压碎,压不碎的土块和石头等硬物压入畦面土中,为铺膜创造良好的条件。

膜前镇压辊可用铁皮做成圆柱形滚筒。

膜后镇压可使薄膜紧贴畦面,膜面舒展平整。膜后镇压辊可采用泡沫塑料制作,不同畦形可采取不同形式的畦面镇压辊。

3.覆土部件

覆土部件主要采用圆盘式和铧式覆土器两种形式。其功用是给膜边覆上适量的土,以防薄膜透气或被风刮起。

铧式覆土器当犁翼过大或机组速度过高时,会造成抛土过远,影响膜面采光,可配合挡土板使用。

**(四)地膜覆盖机的工作过程**

地膜覆盖机的类型及构造不尽相同,但其铺膜过程基本相同。下面主要介绍作畦铺膜机和旋耕铺膜机的工作过程。

1.作畦铺膜机

铺膜前先将铺膜机下降到工作高度,拉出一部分地膜埋好。起步后,在拖拉机的牵引下,左、右收土器将地表耕整过的松软土由畦两侧向中间推移,形成地垄。人字形整形器将地垄土分向两侧,形成畦面并将畦面抹平。铧式开沟器按畦宽要求在畦两侧将土外翻,开出地膜沟。膜前镇压辊将畦面压实,把土块压碎,石头等硬物压入畦面土中,为铺膜提供良好条件。摆动式挂膜架的摆动臂将膜夹住,随膜卷变细而向下移动,使膜卷始终沿畦面向前滚动,防止作业时风吹进膜下。毛刷式展膜机构靠重力紧压在膜上向前滑动,将膜纵向拉紧铺平,消除皱褶并起防风作用。压膜轮将地膜两边压入地膜沟,由铧式覆土器向内翻土,将地膜埋好。挡土板能有效地控制覆土不抛向畦面深处,从而保证采光面宽度。至此,全部铺膜作业完成。

2.旋耕铺膜机

旋耕铺膜机工作时,旋耕机在前面对土壤进行耕耘,后面的起垄器和整形器作畦整形,随后膜卷在畦面上滚动铺膜,膜后镇压辊将畦面压实并使薄膜紧贴土壤,两侧压膜轮滚压膜边,由圆盘式覆土器覆土,将薄膜边缘压实封严。

# 第五章  植保机械使用与维护

农业机械化水平的不断提高为我国农业的发展插上了腾飞的翅膀。我国作为一个人口大国,农业机械化的水平对社会经济的稳定尤其是农业经济的发展具有至关重要的作用。本章将对植保机械使用与维护进行阐述分析。

## 第一节  人力喷雾器

### 一、喷头的选择

喷头是施药机具最为重要的部件之一,是关系施药效果的关键因素。它在农药使用过程中的作用包括:计量施药液量、决定喷雾形状(如扇形雾或空心圆锥雾)和把药液雾化成细小雾滴。

1.扇形雾喷头

药液从椭圆形或双突状的喷孔中呈扇面喷出,扇面逐渐变薄,裂解成雾滴。扇形雾头所产生的雾滴大都沉积在喷头下面的椭圆形区域内,雾滴分布均匀,主要安装在喷杆,上用于除草剂的喷洒,也可喷洒杀虫剂或杀菌剂,用于作物苗期病虫害的防治。喷除草剂或做土壤处理时,喷头离地面高度为0.5米;喷杀虫剂、杀菌剂和生长调节剂时,喷头离作物高度0.3米。采用顺风单侧平行推进法喷雾,严禁将喷头左右摆动。首先将扇形喷头的开口方向调整到与喷杆方向垂直,施药时手持喷杆于身体一侧,保持一定距离(以直线前进时踩不到施药带为宜)和一定高度,直线前进即可。

2.空心圆锥雾喷头

空心圆锥雾喷头的喷孔片中央部位有一喷液孔,按照规定,这种喷头应该配备有一组孔径大小不同的4个喷孔片,它们的孔径分别是0.7毫米、1.0毫米、1.3毫米和1.6毫米,在相同压力下,喷孔直径越大则药液流量也越大。用户可以根据不同的作物和病虫草害,选用适宜的喷孔片。由于喷孔的直径决定着药液流量和雾滴大小,操作者切记不得用工具任意扩大喷孔片的孔径,以免破坏喷雾器应用的特性,用于喷洒杀虫剂和杀菌剂等。适用于作物各个生长期的病虫害防治,不宜用于喷洒除草剂。施药时应使喷头与作物保持一定距离,避免因距离过近直接喷洒而造成药液流淌、分布不均匀等现象。采用顺风单侧多行交叉"之"字形喷雾方法,确保施药人员处在无药区。

3.可调喷头

可根据不同防治对象,旋转调节喷头帽而改变雾锥角和射程,但调节喷头对其雾化质量有很大影响。随着喷头帽角度的增大,雾滴直径将显著变粗,甚至变成水柱状,此时虽可进行果树施药,但农药流失量大,浪费严重。此喷头的流量大,主要用于喷洒土壤处理型除草剂和作物基部病虫害的防治。

### 二、喷雾器中除草剂稀释的注意事项

为了施药方便,现在许多农民朋友在喷施除草剂时都不单独配制稀释液,而是将除草剂加入喷雾器,在喷雾器中配制稀释液,配好后直接喷施。但是由于对配制除草剂稀释液的技术掌握不好,在配制过程中往往会出现问题,直接影响除草剂的除草效果。在配制过程中必须注意以下四个问题:

1.除草剂的剂型:除草剂的剂型有很多,如乳剂、水剂、胶悬剂见水后很快溶解并扩散,对这些剂型的除草剂可采用一步稀释法配制,即将一定量的除草剂直接加入喷雾器中稀释,稀释后即可喷施,72%都尔乳剂、90%禾耐斯乳油都可采用这种方法。可湿性粉剂、干燥悬乳剂等剂型不能采用一步稀释法,而必须采用两步稀释法配制:按要求准确称取除草剂,再加少量水搅动,使其充分溶解即为母液,75%巨星干燥悬乳剂、25%除草醚可湿性粉剂必须采取这种方法稀释,而决不能采取一步稀释法。

2.配制稀释剂:在喷雾器中配制稀释液,必须先在药箱中加入约10厘米深的水后,才可将药剂或母液慢慢加入药箱,然后加水至水线即可喷施,决不能在水箱中未加清水前或将水箱加满清水后倒入药剂或母液,因为这样很难配制出均匀的稀释液,会严重影响防除效果。

3.药箱中药液配好后要立即喷施,原因是各种除草剂的比重不完全一样,如除草剂比重比水大,存放一段时间后除草剂会下沉,造成下部药液浓度大,上部药液浓度小,严重影响除草效果。

4.喷雾器中的稀释液以加至喷雾器的水位线为好,决不能一下子充满。如将喷雾器药箱充满,在施药人员行走时,药液难以晃动,药剂容易出现下沉或上浮现象,影响药液均匀度,从而影响除草剂效果。另外,在施药人员施药时,药液还容易从药箱上口溅出来,滴到施药人员身,上,所以药箱中的药液一定不要加得太满。

### 三、喷雾器的清洗

喷雾器等小型农用药械在喷完药后应立即进行清洗处理,特别是剧毒农药和除草剂,要立即将药械桶清洗干净,否则对农作物或蔬菜会产生毒害、药害。

具体清洗方法：

1.一般杀虫剂、除草剂、微肥等,用药后反复清洗、倒置、晾干即可。对毒性大的农药要多清洗几遍。

2.除草剂的清洗：

(1)如常见的除草剂玉米、大豆田的封闭药(乙草胺等),用后立即清洗2~3遍,再用清水灌满喷雾器浸泡半天到一天,倒掉后再清洗两遍就可以了。

(2)对克无踪、百草枯的清洗,针对克无踪遇土便可钝化,失去除草活性原理,故而在打完除草剂克无踪后马上用泥水清洗数遍,再用清水洗净。

(3)2,4-D丁酯比较难清洗,对花生等阔叶植物有害,应用0.5%的硫酸亚铁溶液充分洗刷,再用清水冲洗。

### 四、植保机械(施药机械)的种类

1.按喷施农药的剂型和用途分类,分为喷雾机、喷粉机、喷烟(烟雾)机、撒粒机、拌种机、土壤消毒机等。

2.按配套动力进行分类,分为人力植保机具、畜力植保机具、小型动力植保机具、大型机具或自走式植保机具、航空喷洒装置等。

3.按操作、携带、运载方式分类,人力植保机具可分为手持式、手摇式、肩挂式、背负式、胸挂式、踏板式等;小型动力植保机具可分为担架式、背负式、手提式、手推车式等;大型动力植保机具可分为牵引式、悬挂式、自走式等。

4.按施液量多少分类,可分为常量喷雾、低量喷雾、微量(超低量)喷雾。但施液量的划分尚无统一标准。

5.按雾化方式分类,可分为液力喷雾机、气力喷雾机、热力喷雾(热力雾化的烟雾)机、离心喷雾机、静电喷雾机等。气力喷雾机起初常利用风机产生的高速气流雾化,雾滴尺寸可达100微米左右,称之为弥雾机;又出现了利用高压气泵(往复式或回转式空气压缩机)产生的压缩空气进行雾化,由于药液出口处极高的气流速度,形成与烟雾尺寸相当的雾滴,称之为常温烟雾机或冷烟雾机。还有一种用于果园的风送喷雾机,用液泵将药液雾化成雾滴,然后用风机产生的大容量气流将雾滴送向靶标,使雾滴输送得更远,并改善了雾滴在枝叶丛中的穿透能力。

# 第二节　机动喷雾机

## 一、加燃油

如"东方红"WFB-18AC背负式喷雾器使用的燃料为汽油和机油的混合油,汽油的牌号为90号,机油为二冲程汽油机专用机油,严禁使用其他牌号的机油,汽油与机油的容积混合比为25:1。

加油时按照容积混合比配置混合油,充分摇匀后注入油箱;加油时若溅到油箱外面,请擦拭干净;不要加油过满,以防溢出;加燃油后请把油箱盖拧紧,防止作业过程中燃油溢出。

注意:

严禁使用纯汽油作燃料;若使用劣质汽油及机油,火花塞、缸体、活塞环、消音器等部件容易积炭,影响汽油机的使用性能,甚至损坏汽油机;加燃油时避免皮肤直接与汽油接触,以免伤害身体。

## 二、启动与停机

启动之前,把机器放在平稳牢固的地方,确定无旁观人员。在接近汽油、煤气等易燃物品的地方不要操作本机。

### 1.启动前的检查

新机开箱后,对照装箱清单检查随机零件是否齐全,并检查各零部件安装是否正确牢固;检查火花塞各连接处是否松脱,火花塞两电极间隙是否符合要求,火花塞是否正常;将启动器轻轻拉动几次,检查机器转动是否正常。

### 2.冷机启动

将静电开关置于"关"位置;将化油器上阻风门置于全开位置;轻轻拉出启动绳,反复拉动几次,使混合油进入箱体。注意启动绳返回时,切不可松手,应手握启动器拉绳手柄让其自动缩回,以防损坏启动器。将化油器阻风门置于全闭位置,再用力拉动启动绳;发动机启动后,将阻风门置于全开位置,让机器低速运转3~5分钟后,再将油门置于高速位置进行喷洒作业。

### 3.热机启动

发动机在热机状态下启动时,应将阻风门置于全开位置;启动时,如吸入燃油过多,可将油门手柄和阻风门置于全开位置,卸下火花塞,拉动启动绳5~6次,将多余的燃油排出,然后装上火花塞,按前述方法启动。

### 4.停机

将油门手柄松开即可;喷雾时,先关闭药液开关再停机。

注意:启动后和停机前必须空转3~5分钟,严禁空载高速运转,防止汽油机飞车造成零件损坏或出现人身事故,严禁高速停车。

### 三、喷雾、喷粉作业

#### (一)喷雾作业

1.喷雾作业前的准备

加药液前,先加入清水试喷一次,检查各处有无渗漏;加药时应先关闭输液开关,加液不可过急、过满以防外溢;药液必须干净,以免堵塞喷嘴。

2.喷雾作业

启动机器后背起机器,调整操纵手柄,使汽油机稳定在额定转速左右,打开输液开关,用手摆动喷管即可进行喷雾作业。在一段长时间的高速运转后,应使机器低速运转一段时间,以使机器内的热量可以随冷空气驱散,这样有助于延长机器使用寿命。

控制单位面积喷量,可通过调量阀完成,位置“1”喷量最小,位置“4”喷量最大;控制单位面积喷量,除用调量阀进行速度调节外,还可以转动药液开关角度,改变药液通道截面来调节;喷洒灌木可将弯管向下,防止药液向上飞;由于雾滴极细,不易观察喷洒情况,一般认为植物叶子只要被吹动,证明药液已发到达了。

机动喷雾器的工作原理:汽油机带动风机叶轮旋转产生高速气流,并在风机出口处形成一定压力,其中大部分高速气流经风机出口流入喷管,少量气流经风机上部的出口,经导风软管,穿过进气塞上的小孔进入塑料软管,到达药箱上面的出气嘴,进入药箱,在药箱的内部形成压力。药液在压力的作用下,通过出液塞流入药箱外部的塑料软管,经过开关从调量阀流入喷嘴,从喷嘴小孔流出的药液,被喷管内的高速气流吹成极细的雾滴,雾滴经过喷头的静电喷片带上静电,然后喷向前方。

#### (二)喷粉作业

1.喷粉时,将粉门开关放在全闭位置,即“一”号位置,然后再加药粉,以免开机后有药剂喷出。

2.加入的药粉应干燥,无结块,无杂物。

3.加入的粉剂最好当天用完,不要长时间存在药箱里,因粉剂存放时间长易吸收水分,形成结块,下次使用时排除困难,并容易失效。

4.加入药粉后,药箱口螺纹处的残留药粉要清扫干净,再旋紧箱盖,以防漏粉。

5.启动发动机,背起机器,调整油门操纵手柄使汽油机达到额定转速,即可进行喷粉作业。

### 四、技术保养与长期保存

1.整机的保养

(1)经常清理机器的油污和灰尘,尤其喷粉作业更应勤擦洗(用清水清洗药箱,汽油机橡胶件只能用布擦,不能用水冲)。

(2)喷雾作业后应清除药箱内的残液,并将各部件擦洗干净。

(3)喷粉后,应将粉门处及药箱内外清扫干净,尤其是喷洒颗粒农药后一定要清扫干净。

(4)用汽油清洗化油器。过脏的空滤器会使汽油机功率降低,增加燃油消耗量及使机器启动困难。化油器海绵用汽油清洗,将海绵体吹干后再装,一定要更换已经损坏的过滤器。

2.汽油机的保养

(1)燃油里混有灰尘、杂质和水,积存过多容易使发动机工作失调,因此应经常清理燃油系统。

(2)油箱及化油器里如有残油,长期不用会结胶,堵塞油路,使发动机不能正常工作,因此一周以上不使用机器时,一定要将燃油放干净。

(3)每天工作完后要清洗空气滤清器,海绵用汽油清洗后要将油擦干再装入。

(4)火花塞的间隙为0.6~0.7米,应经常检查,过大或过小都应进行调整。

3.长期保存

(1)将油箱、化油器内的燃油全部放掉,并清洗干净。

(2)将粉门及药箱内外表面清洗干净,特别是粉门部位,如有残留农药就会引起粉门动作不畅,漏粉严重。

(3)将机器外表面擦洗干净,特别是缸体散热片等金属表面涂上防锈油。

(4)卸下火花塞,向汽缸内注入15~20克二冲程汽油机专用机油,用手轻拉启动器,将活塞转到上止点位置,装上火花塞。

(5)喷管、塑料管等清洗干净,另行存放,不要暴晒、挤压、碰撞。

(6)整机用塑料薄膜盖好,放到通风干燥的地方。

注意:不要将机器放到靠近火源的地方,也不要放到儿童及未经允许的人能接触到的地方;不要与酸、碱等有腐蚀性的化学物品放在一起。

## 五、农机安全生产相关知识

### (一)安全生产的意义与作用

1.安全生产的概念

(1)安全生产

安全生产是指在社会生产过程中控制和减少职业危害因素,避免和消除劳动场所的风险,保障从事劳动的人员和相关人员的人身安全健康以及劳动场所的设备、财产安全。安全生产应是广义的概念,不仅指企业在生产过程中的安全,还应是全社会范围内的生产安全。

安全生产是一个相对的概念,尽管人类社会采取各种方法、措施避免和消除生产事故的发生,但生产事故总是相伴相生。自从人类进入到工业社会后,机器设备的大量使用以及新技术的不断运用,在为人类创造大量社会物质财富的同时,也给人类、企业生产、社会环境带来了工业风险,带来了诸多安全问题。

(2)安全生产监察和安全生产监督检查

安全生产监察,是指安全生产监察机构依据安全生产法规,对生产经营单位贯彻执行安全生产法律、法规情况及安全生产条件、设备设施安全和作业场所职业卫生情况进行监察,并依法处理安全生产事故,监督、查处违法行为的执法活动。

安全生产监督检查,是指依法享有监督检查权的机构、组织或者个人对有关生产单位执行安全生产法的情况进行监督检查。国家安全生产监督检查包括安全监察、安全检查、安全指导和安全服务,安全监察既是其权利也是职责。

2.安全生产监察的性质和意义

安全生产监察的性质:

具有法定性:进行安全生产监察的主体法定,我国法律规定国家和地方生产监督管理部门是进行安全生产监察的职能部门;安全生产监察部门必须依照法律规定的权限和职责进行监察活动,不失职,不越权,不得任意干预企业、事业单位的具体事务;安全生产监察的对象法定,其监察对象主要是进行生产经营的企业、事业单位,也包括负有安全管理职责的有关政府机关、企事业单位的主管部门、行业主管部门等。

具有强制性安全生产监察是国家强制进行的,体现国家意志,不采取自愿原则,被监察的主体不得以协议或其他任何方式规避安全生产监察;安全生产监察所依据的法律、法规、规章和标准由国家制定,强制实行,具有最高的权威性,是强行性规范。这种强制性体现了国家对安全生产的直接干预,保障了安全生产监察依法、顺利进行。

具有行政性它既是行政权力也是行政职责。安全生产监察属于行政执法和行政监督的范畴,是国家和地方各级安全生产监督管理部门行使行政权力的体现,需依法执行,以保证国家行政权力的实现;同时安全生产监察也是国家赋予安全生产监督管理部门的行政职责,是其在监督生产安全方面所应承担的专门职责。

安全生产监督的意义:

加强与完善安全生产法制建设,强化安全生产法律意识。通过安全生产的监察,不仅可以保证法律得以进一步完善立法。同时,通过全方位的安全生产监察,纠正不正当行为、惩处违法行为,强制生产经营单位遵守《安全生产法》的重要性,强化其安全生产法律意识,提高从业人员的安全素质。

保护人民生命财产安全,保护安全生产环境,促进经济发展。安全生产监督管理部门依法行政,加强监督管理,严格安全生产的市场准入制度,依法规范生产经营单位的安全生产工作,对违法行为及时制裁,有利于防范和减少生产事故的发生,有效地遏制重特大伤亡事故的发生,保护人民生命财产安全,保护安全生产环境,使生产能够安全进行,从而促进经济的发展。

保障社会稳定,实现社会和谐与公正。生产事故的频繁发生,职业危害病的蔓延,会造成重大经济损失和严重社会影响,必将危及劳动者的生存,危及企业的生存,甚至有可能危及社会的稳定。通过安全生产监督,督促企业加强安全生产、劳动保护工作,严格安全资质条件,强化安全监管力度,落实安全措施,从而维护劳动者的权利,这对保障社会稳定,实现社会和谐与公正有重要的意义。

3.农机安全生产的形势分析

我国农业机械化实现了由初级阶段向中级阶段的跨越,全国农机化发展正处于加快发展的历史新时期。与此同时,农机事故正处于易发期和高发期。事故发生后,不仅给当事人带来的是人身伤害和财产损失,同时,带来巨大的精神伤害,上访事件和"打官司"现象时有发生,处理不当,极易引发社会矛盾,制造不稳定因素,势必影响社会稳定。农机安全生产形势严峻的主要原因有以下几点。

(1)农机安全监理法律法规不健全不完善

我国农机安全监理法制建设,虽起步较早,但速度缓慢,法规体系不健全,法规内容不够全面,操作性较差。主要表现在:一是执法依据不足,相关配套的实施细则、办法不完备,执法手段软,强制措施少。二是农机监理执法难度大。全省拥有大中型拖拉机11.8万台,小型拖拉机90.8万台,耕整机25.3万台,机耕船11.6万台,插秧机1.2万台,驾驶操作人员240万人,如此庞大的农业机械及驾驶操作人员,加上线长、面广作业分散等特点,监理人员少,工作经费得不到保障,乡镇无监理机构等原因,导致农业机械及驾驶人安全管理难度大,在某种程度上影响了安全生产。三是农业机械报废虽有规定,但无强制措施,操作难度大,强制报废缺乏有效办法,很大程度上增加了事故的隐患。

(2)乡村道路安全隐患多

随着农村经济的快速发展,农村小城镇建设的步伐加快,乡村交通运输不断增加,方便了农副产品运输,但安全事故也随之增加。一是农村交通状况落后。目前,仍有部分边远偏僻村组没有通水泥路,农民进城、赶集、出行、探亲访友,把拖拉机当作"班车",违法违章搭乘拖拉机出行的现象时有发生。二是乡村道路等级低,路况差。乡村道路大多数是非等级机耕路,村组道路纵横交错,弯多、弯急、坡陡、路窄,加上维护不及时,有的甚至无人养护,危险路段又无明显交通标志,如遇上雨天路滑拖拉机、联合收割机行走其间,农机安全更加危机四伏。三是安全设施建设失调。乡村道路两侧村庄、学校、企业较多,交通标志标线等安全设施缺乏,安全隐患突出。此外,许多村道沿线乱挖乱建、堆物占道、乱设摊点等现象严重。

（3）监理机构不健全，性质不明确，装备落后

一是机构不健全。农机化快速发展，农业机械点多面广量大，农机安全监管跟不上农机化快速发展的步伐。加上基层农机安全监管体系脆弱，工作量大，人员少，对农机安全监管难以实施有效监管。二是监管"三权"不落实。法律仅授予农机安全监理机构宣传教育、牌证核发和检验审验三项。《湖北省农业机械化促进条例》赋予的上路检查权、违章处罚权、事故处理权在具体操作上无法落实，源头管理与路面监控管理脱节。三是监理手段落后。绝大多数农机监理机构交通通信、检验检测、事故勘察以及自动化办公等设备配备不齐。

（4）机手素质较低，安全意识淡薄

从事农机作业的绝大部分是农民，文化程度不高，安全意识淡薄，自我保护意识不强，存在侥幸心理，缺乏接受依法管理的自觉性。无证驾驶、无牌行驶、超速超载、违法载人、无交强险等违法现象随处可见。

（5）农机配件"三无"伪劣产品在流通

一是伪劣产品充斥市场。农机市场火爆，配件市场需求量大，竞争加剧，假冒伪劣农机配件也泛滥成灾。二是"三无"（无产品合格证、无产品使用说明书、无三包凭证）产品多。三是无证经营严重。从业人员缺乏农机专业知识和法规意识，对所售配件的用途、安装部位、基本性能、产品质量等常识知之甚少，抵制假冒伪劣新产品的能力差。

（6）农机维修网点不规范

一是布局不合理，主要集中在集镇、街道、公路两旁，边远乡村网点少。二是部分维修厂（点）技术条件差、场地小、设备简陋。三是维修人员的素质和技能水平不高，维修质量达不到要求，维修后的农机安全隐患多。

4.农机安全生产的重要性

农机安全生产是安全生产的重要组成部分，事关民生，事关人民生命财产安全。

（1）确保农机安全生产是构建和谐社会的需要在支农惠农政策的带动下，我省农业机械的保有量增长迅猛，据统计，我省拖拉机、联合收割机等主要农业机械拥有量每年以高于20%的比例高速递增，拖拉机、联合收割机等行走式农机的保有量超过120万台，农机驾驶操作人员和从业人员240多万人。数量如此庞大的农业机械及其驾驶操作人员的安全管理，成为如何提高农业机械化水平之后，又一重大任务和课题，必须构建和谐的安全监理。

（2）确保农机安全生产是促进新农村建设的需要新农村建设的核心是发展经济，关键是发展生产，而发展生产的内在动力就是发展以农业机械为主要代表的生产力。但是，仅仅大力发展了农业机械还是远远不够的，还必须确保农机安全生产的正常运行。农机生产只有在其安全运行的情况下，才能促进农机化事业的发展，促进农业现

代化的早日实现。因此,搞好了农机安全生产工作,就会在很大程度上促进农业生产的发展。只有生产发展了,农民的收入才能持续增长,农村经济才能搞活,整个农村就会有坚实可靠的经济物质基础。所以,搞好农机安全生产必将会极大地推动新农村建设工作。农机安全生产既是农机生产的必然趋势,又是新农村建设中发展生产的客观要求。

(3)确保农机安全生产是法律法规所赋予的职责和义务《安全生产法》规定:生产经营单位的主要负责人对本单位的安全生产工作全面负责;生产经营单位的从业人员有依法获得安全生产保障的权利,并应当依法履行安全生产方面的义务;国务院和地方各级人民政府应当加强对安全生产工作的领导,支持、督促各有关部门依法履行安全生产监督管理职责。由此可见,确保安全生产是各级政府、各生产经营单位及公民应尽的法律义务。对机动车辆,包括拖拉机驾驶员的安全责任,在《道路交通安全法》中也做了相应规定。对于拖拉机、联合收割机等自走式农业机械的安全管理,《农业机械化促进法》《湖北省农业机械化促进条例》已赋予了农机管理部门明确的监管职责。

5.农机安全生产的主要任务

农机安全生产达到的主要目标是:农机管理人、所有人和使用人通过有效手段,采取得力的安全措施,在保证农机作业高效、低耗、优质的前提下,防止或减少农机事故的发生,确保自身和他人的生命财产安全,从而实现人机合一、人机和谐的目标。具体任务:要通过法律法规宣传和教育,提高农机所有人、使用人和公众的安全意识;要通过技能培训和考核,提高使用人的安全操作技能;要通过科学检验检测,提高维修质量,确保机具安全、低耗、环保性能;要通过配套设备设施的完善,改善农机安全作业环境。

**(二)农机事故与应急救援**

1.农机事故

农机事故是指农业机械发生在村镇场院、田间和乡以下(含乡级)道路范围内行驶或作业,以及库棚停放过程中发生碰撞、碾压、翻车、落水、火灾等造成人、畜伤亡、机具损坏和其他财物损坏的事故。根据农业农村部《农业安全生产事故报告办法》规定:农业安全生产事故一般分为以下等级。

特别重大事故,是指造成30人以,上死亡,或者100人以上重伤的事故;重大事故,是指造成10人以上30人以下的死亡,或者50人以上100人以下重伤事故;较大事故,是指造成3人以上10人以下死亡,或者10人以上50人以下重伤的事态;一般事故,是指造成3人以下死亡,或者10人以下重伤的事故。

本条例所称的"以上"包括本数,所称的"以下"不包括本数。农业安全生产事故发生后,当事人或事故现场有关人员应当立即向本单位负责人报告,单位负责人接到报告后,应当于1小时内向事故发生地县级以上人民政府安全生产监督管理部门和农业行政主管部门报告,并抄报农业行政主管部门。

没有所属单位的,当事人或事故现场人员应当于1小时内向当地安全生产监督管理部门和农业行政主管部门报告。情况紧急时,可直接向事故发生地县级以上人民政府安全生产监督管理部门和农业行政主管部门报告。

凡发生农业安全生产事故,接报告的各级农业行政主管部门应按规定逐级上报事故情况,每级上报的时间不得超过2小时。对于农业安全生产较大事故、重大事故或特别重大事故,省级农业行政主管部门应在接报2小时内将事故情况报农业农村部有关单位。非工作时间,凡发生农业安全生产较大事故、重大事故或者特别重大事故,也应按规定时间要求和程序有上报。

2.农机事故的预防

农机事故是社会问题,它是一个由人、机、路、环境所组成的系统工程。要解决这个问题,从教育、工程、法规三方面来考虑。预防工作必须有社会各部门的通力协作,并具备一定的物质基础。考虑目前的实际,农机事故的预防应着重从增强全民安全意识,广泛开展安全宣传;杜绝违章驾驶操作;提高驾驶操作技能;提高机具安全性能,确保机具技术良好状态;加强农机安全监管等五个方面入手。

(1)增强全民安全意识农机事故90%以上是由于驾驶员、行人、非机动车或有关操作者不遵守农机法规、交通法规和有关安全操作规程而造成的。因此,必须开展多形式多层次的农机安全宣传活动,特别要抓好青少年安全意识基础工作,通过宣传,把广大人民群众遵守农机法规的自觉性调动起来,使人们知道农机事故的危害性和安全生产的重要性。

(2)杜绝违章驾驶操作首先是要加强对驾驶操作人员的安全教育,提高驾驶操作人员的安全意识。其次,加强安全监督即现场管理,取缔违章驾驶和违章操作。如酒后驾驶、无牌行驶、无证驾驶、脱监审驾驶、安全设施明显缺乏,带病作业、超速超载、违法载人、无交强险等。

(3)提高驾驶操作技能要严格按照培训教学大纲要求的培训内容、科目、时间组织机手培训,严格按照驾驶员考试办法的要求进行考核,确保培训质量。做好驾驶操作人员的业务再教育,通过组织复习、驾驶员协会、平安农机建设和安全联片组活动,进行机车构造原理、驾驶操作经验、事故案例分析、维修保养、农机法规、事故现场保护、急救知识及职业道德等培训,提高驾驶操作人员实际技能。

(4)确保机具技术状态良好加强对农机具的技术监督,严把年度安全技术检验关。驾驶操作人员认真贯彻计划预防维护制度,做好日常技术的维护保养,执行"防重于治、养重于修"的工作方针。加强农机维修行业的质量监督,确保农机维修质量。加强安全防护设计,提高机具本身的安全性能。

（5）加强农机安全管理加强农机安全法制建设,完善农机安全法规体系。强化检测设备设施建设,提高检测水平。加强农机安全管理队伍建设,提高安全管理水平。

3.农机事故致伤的应急救护

农机事故所造成的人体创伤,应及时进行救护,在发生事故现场的任何人都应立即投入抢救工作。根据事故现场及伤员伤情,积极冷静组织抢救,并及时通报事故处理部门和急救站,医院派救护车前来急救。为有效地进行救护工作,及时控制伤情,不致因错误的救护方法而使受伤者受到二次损伤,以下介绍几种常用的救护方法。

（1）颅脑伤的救护

对受到颅脑创伤的伤员救护,首先要注意呼吸道是否通畅,以免缺氧而是带来不可恢复的损害,其次是对受伤者进行全面观察,不要只注意局部而忽略了其他的创伤。在救护时应做好以下工作。

1）调整体位

先解开伤者的衣领、腰带等紧缩物,将其安置成侧卧或俯卧位,以便于呼吸通畅,清除其口腔、呼吸道的分泌物或呕吐物,以维持呼吸机能。用担架抬送时,应采取同样体位。并将伤员头部用衣物垫好,略加固定,以防在抬送医院途中的震荡。

2）伤部的包扎

包扎时应先对整个头部进行观察,察看伤情,要视情包扎。一般头颅外伤,伤者神志清醒,可用急救包或大块敷料遮盖伤部,平密包扎,要求达到加压止血的目的,并在包扎后不致脱落。主要方法有三角巾包扎法、毛巾帽式包扎法。如果有原发性脑脱出（脑水肿和脑肿胀引起）,可用纱布棉圈作为支持物,套在脱出脑组织周围,或在脱出组织的两侧各放一个绷带卷,再敷料进行包扎,以达到保护脑组织不受压迫的目的。

3）清除污物

颅脑损伤,伤部常有砂土、油污和金属末等,很容易造成伤口感染。在处理后,应尽可能清除污染物,覆盖或包扎伤口,保持伤口不再污染,待医疗人员彻底处理。

4）观察和记录

救护时对伤者的最初症状如意识状态和生命体征包括体温、脉搏、呼吸、血压及有关反应进行观察和简要记录,并提供给前来抢救的医生,作为以后治疗时的参考。

（2）颌面颈部伤的救护

对受到颌面颈部创伤的重伤员威胁最大的是呼吸道阻塞,能够造成早期死亡,因此抢救的第一步,必须确定并维护呼吸道畅通。方法如下:

1）防止窒息

先解开伤员颈部和胸部的衣扣。对神志清醒的伤员,可扶伤员坐起,面部朝下。而对神志不清的伤者,应立即使伤员俯卧,采取重力引流,让分泌物流出。而后将口打开,把口腔及咽喉部的杂物取出。必要时用橡皮管吸除口腔和喉部的血块和黏液。

2)止血

颌面部创伤一般都有较多的组织移位,而且是出血较严重。在救护时应将移位的组织复位,略施加压包扎便可止血。而口底出血可用细纱布填塞止血,但应随时注意呼吸道的畅通。如有较大的血管出血时,可用手指压在附近的骨骼上止血。一般颈部创伤容易引起大血管出血,这是非常严重的,救护时不能使用止血带止血,而只能使用填塞法止血,然后将健侧的上肢上举过头,作为支架,施行单侧加压包扎法。经填塞止血后,在没有止血手术条件和输血设备的情况下,千万不能轻易将填塞物取出,以免突然因大量失血而造成伤员死亡。

3)防治休克和感染

一般仅由颌面和颈部损伤而引起休克的不多见,可是由于剧烈疼痛和大量的失血有时也会造成休克。对于已休克的伤员应迅速检查全身其他部位后看有否并伤,在救护早期应尽早口服或注射抗菌药物以防止感染。

4)包扎、固定与运送

颌骨骨折时,应先将上下牙的咬合对住,而后将移位的软组织伤部复位,用绷带包扎固定,包扎固定时应注意将下颌托起,以防止骨片移动,造成呼吸困难。运送时,对没有休克的伤者,可取坐垫;对较严重的伤者,应采取俯卧体位,便于分泌物、血液流出口腔,保证呼吸畅通。

(3)脊柱和脊髓伤的救护

事故发生后,如果伤员感到腰部疼痛难忍,下肢神经麻木应当优先考虑脊柱和脊髓伤。主要是为防止早期休克、截瘫和脊髓腔内感染。救护方法主要如下。

1)将伤员身上的附带物及口袋中硬物取掉,对于骨突出部要用软衣服垫好,以免发生压痛。

2)搬运时必须非常谨慎搬抬时应当在3人以上,搬运要求动作一致,平抬平放,绝对避免颈、躯干弯曲和扭转。最好采用硬质担架,用仰卧位,两侧用衣服或枕头固定,以防止摆动。如果是软担架或代用物时,应以俯卧位搬运。严禁一人抬胸,一人翻过来,以俯卧位用担架或雨衣、篷布抬送。

3)对有呼吸困难或昏迷的伤员,应及时吸出口腔内分泌物,保持呼吸通畅。将创伤部位妥善包扎。对于休克的伤员应施行抗休克措施,而后再搬运。

(4)胸部创伤的救护

对胸部创伤,应迅速解开伤衣扣,脱脱去上衣观察伤部,有多处伤时,应先处理胸部伤,特别是开放性胸部伤。在救护时,应根据伤势的轻重缓急,采取相应的急救措施,伤员应半坐位运送。

1)开放性气胸的救护首先将开放性气胸变为闭合气胸。脱去或撕开上衣,立即用大急救包、厚纱布垫、棉垫等闭合伤口，牢固包扎使其不再漏气。或者就地取材，用事故现场所能够得到的比较清洁的物品，如衣服甚至手掌等将伤口捂住；其次应迅速使用止痛剂进行止痛，以防止伤员休克；而后尽快抬送到附近的医院进行抢救。抬送途中，伤员须卧于患侧，如发现敷料松动或被渗血浸润，切不可揭开，而应在原来的敷料上加固。

2）胸部闭合伤的救护先用厚敷料垫于伤部，然后用宽而长的胶布或绷带加压包扎固定，以减轻疼痛和局部的反常呼吸运动。对有多根肋骨骨折的可用半环形胶布固定。操作时，伤员取半坐位，用数条宽约5cm的胶布带，前后越过中线各5cm，从骨折以下的两个肋骨平面开始，包扎这两根肋骨的平面粘贴固定。粘贴时要自下而上，从后向前，在深呼气期之末胸腔收缩至最小时进行粘贴。每条胶布互相重叠约三分之一，呈叠瓦状。

（5）腹部伤的救护

一般的闭合性腹部伤在农机事故中较为常见。而开放性腹部伤则不多见。腹部损伤，在送医院前，很难断定其有无腹腔内脏伤。因而只要伤员一叫腹痛，就必须认为是重伤，迅速将伤员送往就近医院进行抢救。对开放性腹部伤的伤员还应进行简单、正确包扎处理后，速运医院。途中应将伤员膝部曲起用衣物垫高，使髋关节和膝关节都处于半屈的位置。如有内脏脱出，一般不要送回腹腔，而应用大量敷料加以保护。在敷料外面用饭碗、茶杯甚至宽皮带围成圈，围盖住，然后再加以包扎，使脱出的内脏不受压迫，并防止干燥。

（6）下肢骨折的救护

对下肢损伤的伤员，应将由于碰撞、压轧而造成的皮肤、肌肉挫裂伤进行复位，止血处理。当小腿部因粉碎性骨折则引起动脉血管破裂出血时，应在伤侧大腿根部、腹股沟中点稍向下方股动脉搏动处施行压迫止血，将伤部全部环形包扎，而后进行临时输送性固定。在固定时可搜集事故现场能找到得如木板、竹竿、扁担、锄柄、竹帘等物，长度最好略近人体长度，用三角巾或绳索将其固定于伤肢和躯干部。如果找不到任何临时固定工具，可用最简单的三角巾固定法，也就是将伤肢用健肢（未伤）固定。先在两个肢间的骨突出部（膝关节和踝关节）用厚纱布或棉垫隔开，用三角巾、绷带或绳索在较细的部位将两腿绑扎在一起，可以在踝上部、膝下部、膝上部和大腿根部等处绑扎四道，即达到固定的目的。

# 第三节  东方红18型背负式机动弥雾喷粉机

## 一、构造与工作原理

东方红-18型背负式机动弥雾喷粉机普遍采用气诸输粉和气压输液的原理,主要由动力部分、风机、贮药箱、弥雾和喷粉的管路以及喷头等组成。以1E40F汽油机(1.6马力)为动力,采用高压离心式风机,由发动机曲轴直接驱动风机轴以5000转/分钟的速度转动。贮药箱既是贮液箱又是贮粉箱,只需在贮药箱内换装不同的部件。喷管主要由塑料件组成,不论弥雾和喷粉都用同一主管,在其上换装不同的部件即可。发动机和风机都是通过减震装置固定在机架上,以减少它们在高速运转时产生的震动传给机架。

产生高压气流,其中大部分经风机出口流向喷管,少部分流经进风阀、软管,滤网到达贮药箱内药液面上的空间,对液面施加一定压力,药液在风压作用下通过粉门、出水塞接头、输液管、开关到达喷嘴(即所谓气压输液)。喷嘴位于弥雾喷头的喉管处,由风机出风口送来的气流通过此处时因截面突然缩小,流速突增,在喷嘴处产生负压。药液在贮药箱内受正压和在此处受负压的共同作用下,源源从喷嘴喷出,正好与由喷管来的高速气流相遇。由于两者流速相差极大,而且方向垂直,于是高速气流将由喷嘴喷出的细流或粗雾滴剪切成直径在100~150微米细小的雾滴,并经气流运载到远方,在运载途中,气流将细小的雾滴进一步弥散,最后沉降下来。

喷粉工作原理,从风机产生的高速气流,大部分经风机出口流向弯头、喷管,少部分经进气阀进入吹粉管。由于风速高、风压大,气流便从吹粉管小孔吹出来,将贮药箱底部的药粉吹松散,并吹向粉门(即所谓气流输粉)。同时由于大部分高速气流通过风机出口的弯头时,在输粉管口处造成一定的真空度,因此当粉门开关打开时,药粉就能够通过粉门、输粉管被吸入弯头,与大量的高速气流混合,经喷管吹向远方。

## 二、使用与维护

1.喷雾作业及注意事项将整机安装成喷雾作业状态后先用清水试喷。无漏水现象和机器运转正常后,再换装药液。应注意加液不得过急和过猛,以免从过滤网出气口处外溢,进入风机壳里。药液要洁净,箱盖要盖紧。机器背负好后,方可调整油门开关,使汽油机稳定在5000转/分钟左右。然后开启药被开关转芯手把(转芯手把朝喷头方向为开,反方向为关)。在喷雾工作中,注意随时左右摆动喷管,以控制喷幅和均匀性。单位而积喷液量决定于前进速度和药液开关开度的大小

在实际工作中,测得一箱药液喷射面积与上式数据可能不符合。可以通过加快

和减慢人行速度和适当转动药液开关转芯角度来调整,直到使其相符为止,D 保证喷药质量和防止喷量过大发生药害。

2.喷粉作业注意事项喷粉时染加的粉剂应干燥纯净,不结块。可以在汽油机低速运转下不停车加粉。加药粉后,董要拧紧并打开风门。背机后待发动机稳定运转片刻,之后调整风门再行喷药。

在林区进行喷洒时,应注意利用地形和风向。晚间若是利用植物表面露水进行喷粉,效果较好。

使用长喷管喷粉时,先将薄膜从绞车上放出,再加油门以使长喷管吹起来为度。转速不要过高。然后调整粉门喷洒,随时抖动喷管,防止喷管末端存粉,确保喷粉的均匀性。

停机时,应先关闭粉门或药液开关,再行减小油而后灭火。夜间作业时,可利用本机磁电机附有的照明线引出线(6伏直流电)。装接上相应的灯泡照明。

3.维护保养

(1)班保养:每班作业后,检查箱内不可残存药粉或药液。擦去油污和灰尘,检查和紧固各部螺丝。喷洒粉剂作业时每天领清洗汽化器和空气滤清器,长喷管不得存粉。

(2)机具长期存放:发动机部分按汽油机说明书进行。喷酒部分须将各件上油污灰尘去掉。先用碱水或肥皂水清洗药箱。风机、输液管,再用清水冲洗擦干。风机壳干燥后,涂防锈油。各部塑料件不要长期暴晒,不要弯曲成蛇形管。其他塑料件不得磕碰,挤压。所有橡胶件应仔细清洗、单独存放,存放中避免变形。全机置于干燥通风处贮存。

# 第四节　WFB18型超低量喷雾机

超低量喷雾是防治植物病虫害的一项新技术,目前正在农林生产中推广使用。

超低量喷雾机能超低量喷射油剂农药而不需用水。超低量喷射出的雾粒直径小到15~75微米。因此,喷射省药,通常用量每亩地喷施66~150毫升的油剂农药即可有效地防治病虫害。这种喷雾方法更适用于缺水地区、坡地及山区的使用。

## 一、使用特点

1.工效高:每小时净喷生产率为50~90亩。

2.80%以上的雾粒直径在15~75微米范围内,雾粒细而匀。

3.使用农药为超低喷量,高浓度的油剂每亩地喷施66~150毫升的25%~50%农药含量的油剂,不需用水。

4.累积飘移性喷雾。喷头不直接对着植株喷洒,药量沉积由多次单一射程(喷幅)重叠而成。

5.防治效果好。

6.黏度大,特效性长。

7.作业成本比水剂喷雾低。

## 二、结构与工作过程

超低量喷雾机是在东方红-18型背负式弥雾机上配装一套超低量喷管装省构成。

1.超低量喷管装置超低量喷管装置是超低量喷射的专用部件。它是由弯头、软管、直管、弯管、嗅头、输液管、嗅管、手把等件组成。

喷管装置的前端通过弯头固结在主机的风机出口上。它的顶端有超低量畦头。输液管与药箱和喷头相连通。喷管手把设在直管上,以利工作时控制喷头的喷射方向。

2.超低量喷头是超低量喷射的主要工作部件,属齿盘式。它由转芯、喷嘴轴,后齿盘、前齿盘、分流锥、驱动叶轮等件组成。

(1)转芯。转芯是用来调整喷量并兼做开关用的部件。转芯上半部的周缘环槽,是做装配密封圈用的。转芯的下半部制有直径分别为0.6、1.0、40.3和1.5的4个流量调节孔,并与转芯顾面上的4种流量级数字母相对应,以便指示流量调节。

(2)喷嘴轴。喷嘴轴(或称空心轴)的后轴与转芯通液孔相通,前端装有轴承。在对应前、后齿盘缝隙处开有出液孔。

(3)前、后齿盘。前,后齿盘上各设有180个齿,齿高1毫米、齿尖夹角。前齿盘的后侧面相隔120°均布制有3个直径为63的圆柱体,它串过后齿盘上的3个φ3的通孔与驱动叶轮相连接。前齿盘通过轴承与喷嚕轴相连接。

(4)驱动叶轮。驱动叶轮为6片式叶轮,叶片倾斜角为15°。驱动叶轮是喷头中旋转组件的主动件。工作时以10 000转/分钟的高速度进行旋转。

3.工作原理超低量喷雾机的工作原理

当启动汽油机后,由离心风机产生的高速气流进入喷口,遇到分流锥体从喷口以环状喷出。喷出的高速气流吹到驱动轮上,使旋转组件(前后齿盘、叶轮)以10 0000转/分钟做高速旋转。同时,从药箱经输液管流量开关流入空心轴的药液,从空心轴上的孔流出进入前后齿盘之间的缝隙中。于是,药液就在高速旋转的前、后齿盘的离心力作用下,沿着前、后齿盘外径圆周上的齿尖抛出、破碎成细小的雾粒。此小雾粒被喷口内喷出的气流吹向远处,送到被喷的植株上。

### 三、使用与调整

1.喷药前的准备

(1)机具检查。检查喷头各连接部位是否松动,齿盘转动是否灵活,输液系统是否畅通和有无漏药。如有吊常现象须及时排除。

(2)农药品种和药液量的选择。一般来说可按常规喷雾法来选择农药品种,所不同的是必须采用超低量的油剂农药。

(3)药害问题及其测定。直接喷油剂农药的超低量喷雾法比常规喷水剂农药喷雾法出现药害的可能性较大。但只要按照作业技术要求进行作业,就不会产生药害。药害测定方法是在需要喷药地块的下风向地角上于1~2平方米的面积上,用榍糊或曲别针固定上几张呈水平和垂直方向的着色卡片(1.5厘米×6厘米),然后用喷雾机喷药到卡片每平方厘米面积上沉积有50~60雾粒为止。过2~3天后观察有无药害。

(4)药液流量的测定。输液孔径的大小、农药种类和周围气温都能影响药液流量,所以喷药前必须进行药液流量的测定。在贮药箱中加入一定量的药波之后,把喷头上的齿盘组件及分流锥盖取下,启动汽油机运转至工作状态。再用大量筒或大口瓶套在流药孔轴上以接装流出的药液。然后将开关打开测定1分钟,再换算出药液流量(毫升/秒)。测定时须注意使喷孔轴高出被喷植株顶端0.5米。

(5)有效射程(喷幅)和雾粒覆盖密度的测定。顺风向每隔5米距离在苗木顶端固定一行着色卡片(需6张以上)形成一个测定带,在相距10米处平行于前一带再夹着色纸片。然后喷雾。喷雾后2分钟,取回编号的纸片。用5~10倍放大镜观察雾粒覆盖密度。求出离喷头最远处,每平方厘米面积上约有10个雾粒的纸片的位置(一般认为10个雾粒/平方厘米是属于有效覆盖密度)。从这张纸片位置到喷头的距离称为有效射程(喷幅)。在大面积喷射时,就按这个宽度喷射。超低量喷雾机的有效射程为10~25米。静风时不小于10米:1~2级风时可增至15~25米;风速超出5米/秒时,不准喷药。有较大上升气流时不准喷药。风向与走向的夹角小于45°时也不准喷药。

2.操作技术

(1)手持枪管向一边伸出,弯管向下,保持喷头显水平状态或有59~10°顶射角。风速大时喷射角应小些或取0;风速小时喷射角应大些。喷头距苗木顶部一般需高出0.5米。喷向要与风向一致或稍有夹角。

(2)作业行走路线和喷向根据风向而定(即风向决定走向)。射程顺序方向从下风向开始喷药。在地头空行时需关闭直通开关并使汽油机低速运转。

(3)药液流量的调节,是根据药液流量的测定和步行速度的计算,对喷头上的调量开关进行调节。调量开关共分四级。一级流量为40~70毫升/分钟;二级流量为80~130毫升/分钟;三级流量为110~160毫升/分钟;四级流量为120~200毫升/分钟。

3.故障及排除方法

（1）雾粒减少或不出雾。这是因空心轴孔堵塞或调量开关堵塞产生的,应旋下空心轴清洗或取下调量开关清洗。

（2）齿盘转速不够（雾粒大）。是由于汽油机转速不够或轴承不灵活。应调整汽油机转速,保证达到5000转/分钟或取下轴承清洗。若轴承损坏,须更换新件。

## 四、维护与维修

1.保持喷头清洁。工作半天后用干净棉纱擦净,但不许用水冲洗防止轴承生锈。将齿盘件取下来用柴油清洗轴上的孔径,保证药液畅通。

2.工作一天后,除完成上述工作外,把药箱中剩药倒出,再把齿盘中轴承取下,用柴油清洗干净。装上时需加少量机油以保证正常使用。取下调量开关将开关孔径清洗干净。

3.长期存放需把所有零件拆开,用柴油清洗干净,在轴承中加入少量机油组装起来,用纸包好放在干燥通风处储存。

# 第六章　联合收割机的使用与维护

我国农村经济的快速发展,联合收割机的投入使用,大大地加快了麦收的进度,减轻了农民的劳动强度。本章将对联合收割机的使用与维护进行阐述。

## 第一节　收获机械的分类和特点

### 一、收获机械的分类

1.按照收获作业方法分类

按照收获作业方法的不同,分割晒机、脱粒机、清选(分级)机等。

2.按动力提供方式分类

(1)牵引式:牵引式联合收割机造价低,拖拉机可以充分利用。但它工作时由拖拉机牵引,机组较长,机动性较差,不能自行开道,应用逐渐减少。

(2)自走式:自走式联合收割机使收割、脱粒(剥皮等)、集粮、动力、行走集于一身,机动性很好,能自行开道和进行选择性收割,应用日益广泛。

(3)悬挂式:将联合收割机或分段收割机,以悬挂形式挂接在拖拉机上,具有自走式的优点,而且造价低。但机器总体配置不尽合理,作业速度调整难以满足需要,安装拆卸麻烦费事,整体性差。

3.按主要收获作物分类

常见的有麦类收割机械、玉米收割机械、薯类收获机械、棉花收获机械、花生收获机械、牧草和青饲作物收获机械等。

4.按收割台形式分类

按收割台形式不同分立式割台和卧式割台

5.按喂入形式分类

按喂入形式不同分全部喂入和部分喂入。

## 二、联合收割机的特点

将收割、脱粒、分离基秆、清选谷粒等工作集中在一台机器上来完成，并可把粮食装袋或集中卸粮的收割机叫作联合收割机。

联合收割机主要工作部件包括收割台、输送装置、脱粒装置和分离清选装置。要完成上述作业，还需要有发动机、传动系统、电气系统、液压系统、中间输送装置、底盘、行走装置、粮箱以及驾驶室等部件支持。机器前进速度一般在1~20千米/小时的范围内变化，以适应不同的作业要求。脱粒和分离清选部件包括脱粒滚筒、逐稿器、清选筛、输送器等，将清选后谷粒输送到卸粮部位。有些机型还配有集草箱、捡拾器、茎秆切碎器等附件。

主要特点：

1.生产率高

以东风-5自走式谷物联合收割机为例，如果配合运粮车，2~4人工作，一天可收获亩产200~300千克的小麦200多亩，相当于四五百个劳动力的人工作业量。

2.谷物损失小

一般联合收割机正常工作时的总损失，收小麦时应小于1.5%。而分段收获因为每项作业都有损失，故其损失相对要高一些。

3.省时省力

联合收割机一次完成多项作业，为适时收获和抢种下茬作物争取了时间，替代广大量人力。

4.减少进地次数，减少油物料消耗

机器一次进地完成刈割、脱粒（剥皮）、秸秆处理等多项作业，减少多次机器进地作业对土地的压实，也减少了油物料的消耗。但是，联合收割机也存在一定的问题。机器构造复杂，一次性购置投入大。机器作业利用时间短，驾驶操作要求相对较高。

# 第二节　水稻联合收割机的使用与维护

## 一、水稻联合收割机的构造及工作过程

水稻联合收割机按喂入方式的不同可分为全喂入式和半喂入式两种。全喂入式联合收割机是将割下的作物全部喂入滚筒。半喂入式只是将作物的头部喂入滚筒，因而能将茎秆保持得比较完整。

水稻联合收割机工作时，扶禾拨指将倒伏作物扶直推向割台，扶禾星轮辅助拨指拨禾，并支撑切割。作物被切断后，割台横向输送链将作物向割台左侧输送，再传给

中间输送装置,中间输送夹持链通过上下链耙,把垂直状态的作物禾秆逐渐改变成水平状态送入脱粒滚筒脱粒,穗头经主滚筒脱净后,长茎秆从机后排出,成堆或成条铺放在田间。谷粒穿过筛网经抖动板,由风扇产生的气流吹净,干净的谷粒落入水平推运器,再由谷粒水平推运器送至垂直谷粒推运器,经出粮口接粮装袋。断穗由主滚筒送至副滚筒进行第二次脱粒,杂余物由副滚筒的排杂口排出机外。

## 二、水稻联合收割机的使用调整

### (一)收割装置主要调整内容

1.分禾板上、下位置调整

根据作业的实际情况及时进行调整。田块湿度大,前仰或过多地拨起倒伏作物时,应将分禾板尖端向下调,直至合适位置(最低应距地面2厘米),通过调整螺栓进行调整。

2.扶禾爪的收起位置高度调整

根据被收作物的实际情况,调节扶禾爪的收起位置。其调节方法是:先解除导轨锁定杆,然后上、下移动扶禾器内侧的滑动导轨位置。

3.右穗端链条的有传送爪导轨的调整

右爪导轨的位置应根据被脱作物的状态而定。作物茎秆比较凌乱时,导轨置于标准位置;而被脱作物易脱粒而又在右穗端链条处出现损失时,应将导轨调向正确位置。其调整方法是:松开固定右爪导轨螺母A、螺母B,通过螺母B处的长槽孔将右爪导轨向正确的方向移动至合适位置止,然后拧紧螺母A、螺母B固定即可。

4.扶禾调速手柄的调节

扶禾调速手柄通常在"标准"位置上进行作业,只有在收割倒伏45°以上的作物或茎秆纠缠在一起时,先将收割机副变速杆置于"低速",再将扶禾调速手柄置于"高速"或"标准"位置。收割小麦时,不用"高速"位置。

### (二)脱粒装置的主要调整

1.脱粒室导板调节杆的调整

脱粒室导板调节杆有开、闭和标准三个位置。

新机出厂时,调节杆处于"标准"位置。作业中出现异常响声(咕咚、咕咚),即超负荷时,收割倒伏、潮湿作物及稻麸或损伤颗粒较多时,应向"开"的方向调;当作物中出现筛选不良时(带芒、枝梗颗粒较多、碎粒较多、夹带损失较多)、谷粒飞散较多时,应向"闭"的方向调。

2.清粮风扇风量的调整

合理调整风扇风量能提高粮食的清洁率和减少粮食损失率。风量大小的调整是通过改变风扇皮带轮直径大小进行的。其调整方法是:风扇皮带轮由两个半片和两个垫片组成,两个垫片都装在皮带轮外侧时,皮带轮转动外径最大,此时风量最小;两个垫片都装在皮带轮的两个半片中间时,风扇皮带轮转动外径最小,这时风量最大;两个垫片在皮带轮外侧装一个,在皮带轮两半片中间装另一个时,则为新机出厂时的装配状态,即标准状态(通常作业状态)。

作业过程中,如出现谷粒中草屑、杂物、碎粒过多时,风量应调强位;如出现筛面跑粮较多,风量应调至弱位。

3.清粮筛(振动筛)的调节

清粮筛为百叶窗式,合理调整筛子叶片开度,可以取得理想的清粮效果。

作业中,喂入量大(高速作业)、作物潮湿、筛面跑粮多、稻麸或损伤谷粒多时,筛子叶片开度应向大的方向调,直至符合要求为止。当出现筛选不良时(带芒、枝梗颗粒较多、断穗较多、碎草较多),筛子叶片开度应向小的方向调,直至满意为止。筛子叶片开度调整时,拧松调整板螺栓(两颗),调整板向左移动,筛片开度(间隙)变小(闭合方向);向右移动,筛子叶片开度变大(即打开方向)。

4.筛选箱增强板的调整

新机出厂时,增强板装在标准位置(通常收割作业位置)。作业中出现筛面跑粮较多时,增强板向前调,直至上述现象消失。

5.弓形板的更换

根据作业需要,在弓形板的位置上可换装导板。新机出厂时,安装的弓形板(两块)、导板(两块)为随车附件。作业中,当出现稻秆损伤较严重时,可换装导板。通常作业安装弓形板。

6.筛选板的调整

新机出厂时,筛选板装配在标准位置(中间位置)。作业中,排尘损失较多时,应向上调,收割潮湿作物和杂草多的田块,适当向下调,直至满意为止。

## 三、半喂入式水稻联合收割机的维护保养

### (一)作业前后要全面保养检修

水稻收获季节时间紧迫,因此,收获机械在收获季节之前一定要经过全面拆卸检查,这样才能保证作业期间保持良好的技术状态,不误农时。

1.行走机构

按规定,支重轮轴承每工作500小时要加注机油,1000小时后要更换。但在实际使用中,有些收割机工作几百小时就出现轴承损坏的情况,如果没有及时发现,很快会伤及支架上的轴套,修理比较麻烦。因此在拆卸后,要认真检查支重轮、张紧轮、驱动轮及各轴承组,如有松动、异常,不管是否达到使用期限都要及时更换。橡胶履带使用更换期限按规定是800小时,但由于履带价格较高,一般都是坏了才更换,平时使

用中应多注意防护。

**2.割脱部分**

谷粒竖直输送螺旋杆使用期限为400小时,再筛选输送螺旋杆为1000小时,在拆卸检查时,如发现磨损量太大则要更换,有条件的可堆焊修复后再用。收割时如有割茬撕裂、漏割现象,除检查调整割刀间隙、更换磨损刀片外,还要注意检查割刀曲柄和曲柄滚轮,磨损量太大时会因割力行程改变而受冲击,影响切割质量,应及时更换。割脱机构有部分轴承组比较难拆装,所以在停收保养期间应注意检查,有异常情况的应予以更换,以免作业期间损坏而耽误农时。

**(二)每班保养**

每班保养是保持机器良好技术状态的基础,保养中除清洁、润滑、添加和紧固外,及时的检查能发现小问题并予以纠正,可以有效地预防或减少故障的发生。

1.检查柴油、机油和水,不足时应及时添加符合要求的油、水。

2.检查电路,感应器部件如有被秸秆、杂草缠堵的应予清除。

3.检查行走机构,清理泥、草和秸秆,橡胶履带如有松弛应予调整。

4.检查收割、输送、脱粒等系统的部件,检查割刀间隙、链条和传动带的张紧度、弹簧弹力等是否正常。在集中加油壶中加满机油,对不能由自动加油装置润滑的润滑点,一定要记住用人工加油润滑。

5.清洁机器,检查机油冷却器、散热器。空气滤清器、防尘网以及传动带罩壳等处的部件,如有尘草堵塞应予清除。

日保养前必须关停机器,将机器停放在平地上进行,以PR0488(PR0588)久保田联合收割机为例,检查内容见表8-1和表8-2。

**表8-1 PR0488(PR0588)久保田联合收割机日常维护保养**

| | 检查项目 | 检查内容 | 采取措施 |
|---|---|---|---|
| 检查机体的周围 | 机体各部 | 1.是否损伤或变形<br>2.螺栓及螺母是否松动或脱落<br>3.油或水是否泄漏<br>4.是否积有草屑<br>5.安全标签是否损伤或脱落 | 1.修理或更换<br>2.拧紧或补充<br>3.固定紧软管或阀门的安装部位,或更换零部件<br>4.清扫<br>5.重贴新的标签 |
| | 蓄电池、消声器、发动机、燃油箱各配线部的周围 | 是否有垃圾或者机油附着以及泥的堆积 | 清理 |
| | 燃料 | 是否备有足够作业的燃料 | 补充0号优质柴油 |

| | 检查项目 | | 检查内容 | 采取措施 |
|---|---|---|---|---|
| 检查机体的周围 | 割刀、各链条 | | | 加油 |
| | 割刀、切草器刀 | | 刀口是否扭伤 | 更换 |
| | 履带 | | 是否松动或损伤 | 调整或更换 |
| | 进气过滤器 | | 是否堆积了灰尘 | 清扫 |
| | 防尘网 | | 是否堵塞 | 清扫 |
| | 收割升降油箱 | | 油量是否在规定值间(机油测量计的上限值和下限值之间) | 补充久保田纯机油 UDT 到规定量 |
| | 脱粒网 | | 是否有极端的磨损或破损 | 改装或更换 |
| | 风扇驱动皮带 | | 是否松动,是否损伤 | 调整,更换 |
| | 发动机机油 | | 油量是否在规定值间(机油测量计的上限值和下限值之间) | 补充到规定量(久保田纯机油 D30 或 D10W30) |
| | 散热片 | 冷却水 | 预备水箱水量是否在规定值间(水箱的 FULL 线和 LOW 线间) | 补充清水(蒸馏水)到规定值 |
| | | 散热片 | 是否堵塞 | 清扫 |
| 发动机室 | 蓄电池 | | 发动机是否启动 | 充电或更换 |
| 主开关 | 仪表板 | 机油指示灯 | 操作各开关,指示灯是否点亮 | 检查灯丝、熔断器是否熔断,再进行更换或连接、蓄电池充电或更换 |
| | | 充电指示灯 | | |
| 启动发动机 | 仪表板 | 燃料指示灯 | 指示灯是否熄灭 | 补充 0 号优质柴油 |
| | | 机油指示灯 | | 补充机油到规定值 |
| | | 充电指示灯装置 | | 调整或更换 |

| 检查项目 | | 检查内容 | 采取措施 |
|---|---|---|---|
| | 转速灯 | 转速灯是否正常 | 调整或更换 |
| 脱粒深浅控制 | | 脱粒深浅链条的动作是否正常 | 检查熔断丝是否熔断,接线是否断开,更换或连接 |
| 各操作杆 | | 各操作杆的动作是否正常 | 调整 |
| 停车刹 | | 游隙量是否适当 | 调整 |
| 发动机消声器 | | 有杂音否,排气颜色是否正常 | 调整或更换 |
| 割刀、各链条 | | 加油后是否有异 | 调整或更换 |
| 停止拉杆 | | 发动机是否停止 | 调整 |

### 表8-2 检查与加油(水)一览表

| 种类、燃料 | 检查项目 | 措施 | 检查、更换期(时间表显示的时间) | | 容量规定量/升 | 种类 |
|---|---|---|---|---|---|---|
| | | | 检查 | 更换 | | |
| 燃油 | 燃料箱 | 加油 | 作业前后 | | 容量50 | 优质柴油 |
| 水液 | 脱粒链条驱动箱 | | | | | 久保田纯正机油M80B、M90或UDT |
| 机油 | 发动机 | 补充更换 | 作业后 | 每100小时 | 容量7,规定量:机油标尺的上限和下限之间 | 久保田纯正机油UDT |
| | 传动箱 | 补充更换 | | 初次50小时,第2次后每300小时 | 容量6.5,规定量:油从检油口稍有溢出 | |
| | 油压油箱 | 补充 | | 初次50小时,第2次后每400小时 | 容量19.3,规定量:油从检油口稍有溢出 | |

| 种类、燃料 | 检查项目 | | 措施 | 检查、更换期（时间表显示的时间） | | 容量规定量/升 | 种类 |
|---|---|---|---|---|---|---|---|
| | | | | 检查 | 更换 | | |
| 机油 | 收割升降机油箱 | | 补充更换 | 作业前后 | 初次50小时,第2次后每400小时 | 容量1.6,规定量:机油标尺的上限和下限之间 | |
| | 脱粒齿轮油箱 | | 补充更换 | | 初次50h,第2次后分解 | 容量19.3,规定量:油从检油口稍有溢出 | |
| | 割刀驱动箱 | | 补充 | 分解时 | | 容量0.6~0.7 | 久保田纯正机油 |
| 水液 | 割刀、扶持链、穗端、茎端、脱粒、深浅,供给、排草茎端、穗端链条及张紧支承部 | | 加油 | 作业前后 | | 容量0.3适量 | 久保田纯正机油D30、D10W30或M90 |
| | 冷却水(备用水箱) | | | | 冬季停止使用时,排除或加入50%的不冻液 | 规定值:水箱侧面L(下限)和F(上限)之间 | 清水或久保田不冻液 |
| | 蓄电池液 | | | 收割季节 | | 规定值:蓄电池侧面下限和上限之间 | 蒸馏水 |
| 黄油 | 行走部 | 载重滚轮轴承 | 补充 | | 第500小时加油 | 适量 | 久保田黄油 |

| 种类、燃料 | 检查项目 | | 措施 | 检查、更换期(时间表显示的时间) | | 容量规定量/升 | 种类 |
|---|---|---|---|---|---|---|---|
| | | | | 检查 | 更换 | | |
| 黄油 | 收割部 | 收制部支撑座、脱粒深浅、链条驱动箱 | | | 第200小时加油 | | |
| | | 收剂齿轮箱，各齿轮箱 | | | | 规定量 | |
| | 脱离部 | 各齿轮箱 | 收割季节前后 | | | | |

注:各部分机油、黄油的补充和更改:检查时,请将机器停在平坦的地方。如果地面倾斜,测量不能正确显示;发动机机油的检查,必须在发动机停止5分钟后进行;使用的机油、黄油必须是指定的久保田纯正机油、黄油。

**(三)定期维护**

半喂入式联合收割机按工作小时数确定技术维护和易损件的更换,使技术维护向科学、合理,实际的方向发展。目前,联合收割机上装计时器是较普遍采用的一种方法。

注意事项:

1.半喂入式联合收割机装有先进的自动控制装置,当机器在作业过程中发生温度过高、谷仓装满、输送堵塞、排草不畅、润滑异常以及控制失灵等现象时,都会通过报警器报警和指示灯闪烁向机手提出警示,这时,机手一定要对所警示的有关部位进行检查,找出原因,排除故障后再继续作业。

2.在泥脚太深(超过15厘米)的水田里作业容易陷车,不要进田收割,可先人工收割,后机脱。

3.切割倒伏贴地的稻禾,对扶禾机构、切割机构损害很大,不宜作业。

4.橡胶履带在日常使用中要多注意防护,如跨越高于10厘米的田埂时应在田埂两边铺放稻草或搭桥板,在砂石路上行走时应尽量避免急转弯等。

5.不要用副调速手柄的高速挡进行收割，否则很可能导致联合收割机发生故障。

## 四、常见故障及排除方法

水稻联合收割机常见故障及排除方法见表8-3。

**表8-3 水稻联合收割机常见故障及排除方法**

| 故障现象 | 故障分析 | 排除方法 |
|---|---|---|
| 割茬不齐 | 1.作物的条件不适合<br>2.田块的条件不适合<br>3.机手的操作不合理<br>4.割刀损伤或调整不当<br>5.收割部机架有无撞击变形 | 1.更换作物<br>2.检查田块的条件<br>3.正确操作<br>4.更换割刀或正确调整<br>5.修复收割部机架或更换 |
| 不能收割面把作物压倒 | 1.作物不合适<br>2.收割速度过快<br>3.割刀不良<br>4.扶起装置调整不良<br>5.收割皮带张力不足<br>6.单向离合器不良<br>7.输送链条松动、损坏<br>8.割刀驱动装置不良 | 1.更换作物<br>2.降低收割速度<br>3.调整或更换割刀<br>4.调整分禾板高度<br>5.皮带调整或更换<br>6.更换<br>7.调整或更换输送链条<br>8.换割刀驱动装置 |
| 不能输送作物、输送状态混乱 | 1.作物不适合<br>2.机手操作不当<br>3.脱粒深浅位置不当<br>4.喂入装置不良<br>5.扶禾装置不良<br>6.输送装置不良 | 1.更换作物<br>2.副变速挡位置于"标准"<br>3.脱粒深浅位置用手动控制对准"▼"<br>4.爪形皮带、喂入轮、轴调整或更换<br>5.正确选用扶禾调速手柄挡位、调整或更换扶禾爪、扶禾链、扶禾驱动箱里轴和齿轮<br>6.调整或更换链条、输送箱的轴、齿轮 |
| 收割部不运转 | 1.输送装置不良<br>2.收割皮带松<br>3.单向离合器损坏<br>4.动力输入平键、轴承、轴损坏 | 1.调整或更换各链条、输送箱的轴、齿轮<br>2.调整或更换收割皮带<br>3.更换单向离合器<br>4.调整或更换爪形皮带、喂入轮、轴 |

| 故障现象 | 故障分析 | 排除方法 |
|---|---|---|
| 筛选不良——稻麦有断草/异物混入 | 1.发动机转速过低<br>2.摇动筛开量过大<br>3.鼓风机风量太弱<br>4.增强板调节过开 | 1.增大发动机转速<br>2.减小摇动筛开量<br>3.增大鼓风机风量<br>4.增强板调节得小些 |
| 稻麦谷粒破损较多 | 1.摇动筛开量过小<br>2.鼓风机风量太强<br>3.搅笼堵塞<br>4.搅笼叶片磨损 | 1.增大摇动筛开量<br>2.减小鼓风机风量<br>3.清理<br>4.更换或修复 |
| 稻谷中小枝梗,麦粒不能去掉麦芒、麦麸 | 1.发动机转速过低<br>2.摇动筛开量过大<br>3.脱粒室排尘过大<br>4.脱粒齿磨损 | 1.增大发动机转速<br>2.减小摇动筛开量<br>3.清理排尘<br>4.更换 |
| 抛洒损失大 | 1.作物条件不适合<br>2.机手操作不合理<br>3.摇动筛开量过小<br>4.鼓风机风量太强<br>5.摇动筛后部筛选板过低<br>6.摇动筛橡胶皮安装不对<br>7.摇动筛增强板位置过闭<br>8.摇动筛1号、2号搅笼间的调节板位置过下 | 1.更换作物<br>2.正确操作<br>3.增大摇动筛开量<br>4.减小鼓风机风量<br>5.增高摇动筛后部筛选板<br>6.重新安装<br>7.调整摇动筛增强板位置<br>8.调整摇动筛1号、2号搅笼间的调节板位置 |
| 破碎率高 | 1.作物过于成熟<br>2.助手未及时放粮<br>3.发动机转速过高<br>4.脱粒滚筒皮带过紧<br>5.脱粒排尘调节过闭<br>6.搅笼堵塞<br>7.搅笼磨损 | 1.及早收获作物<br>2.及时放粮<br>3.减小发动机转速<br>4.调整脱粒滚筒皮带<br>5.调整脱粒排尘装置<br>6.清理<br>7.更换或修复 |

| 故障现象 | 故障分析 | 排除方法 |
|---|---|---|
| 2号搅笼堵塞 | 1.作物过分潮湿<br>2.机手操作不合理<br>3.摇动筛开量过闭<br>4.鼓风机风量过弱<br>5.脱粒部驱动皮带过松<br>6.搅笼被异物堵塞<br>7.搅笼磨损 | 1.晾晒<br>2.正确操作<br>3.调整摇动筛开量<br>4.增大鼓风机风量<br>5.调紧脱粒部各驱动皮带<br>6.清理搅笼<br>7.更换或修复 |
| 脱粒不净 | 1.作物条件不符<br>2.机手操作不合理<br>3.脱粒深浅调节不当<br>4.发动机车速过低<br>5.分禾器变形<br>6.脱粒、滚筒皮带过松<br>7.排尘手柄过开<br>8.脱粒齿、脱粒滤网、切草齿磨损 | 1.更换作物<br>2.正确操作<br>3.正确调整<br>4.增大发动机转速<br>5.修复或更换<br>6.调紧脱粒、滚筒皮带<br>7.正确调整排尘手柄<br>8.更换或修复 |
| 脱粒滚筒经常堵塞 | 1.作物条件不符<br>2.脱粒部各驱动皮带过松<br>3.导轨台与链条间隙过大<br>4.排尘手柄过闭<br>5.脱粒齿与滤网磨损严重<br>6.切草齿磨损<br>7.脱粒链条过松 | 1.更换作物<br>2.调紧脱粒部各驱动皮带<br>3.减小导轨台与链条间隙<br>4.调整排尘手柄<br>5.更换<br>6.更换或修复切草齿磨损<br>7.调紧脱粒链条 |
| 排草链堵塞 | 1.排草茎端链过松或磨损<br>2.排草穗端链不转或磨损<br>3.排草皮带过松<br>4.排草导轨与链条间隙过大<br>5.排草链构架变形 | 1.调紧排草基端链或更换<br>2.正确安装或更换<br>3.调紧排草皮带<br>4.减小排草导轨与链条间隙<br>5.修复或更换排草链构架 |

## 第三节　谷物联合收割机的使用与维护

### 一、谷物联合收割机的构造及工作过程

谷物联合收割机的机型很多,其结构也不尽相同,但其基本构造大同小异。现以约翰迪尔佳联自走式联合收割机为例,说明其构造和工作过程。

JL-1100自走式联合收割机结构主要由割台、脱粒(主机)、发动机、液压系统、电气系统、行走系统、传动系统和操纵系统八大部分组成。

1.收割台

为适应系列机型和农业技术要求,割台有割幅为3.66米、4.27米、4.88米、5.49米的四种割台及大豆挠性割台。割台由台面、拨禾轮、切割器、割台推运器等组成。

2.脱粒部分

脱粒部分由脱粒机构、分离机构及清选机构、输送机构等构成。

3.发动机

本机采用法国纱朗公司生产的6359TZ02增压水冷直喷柴油机,功率为110千瓦(150马力)。

4.液压系统

本机液压系统由操纵和转向两个独立系统的所组成,分别对割台的升降和减震,拨禾轮的升降,行走的无级变速,卸粮筒的回转,滚筒的无级变速及转向进行操纵和控制。

5.电气系统

电气系统分电源和用电两大部分。电源为一个12V 6-Q-126型蓄电池和一个九管硅整流发电机。用电部分包括启动马达、报警监视系统、拨禾轮调速电动机、燃油电泵、喷油泵电磁切断阀、电风扇、雨刷、照明装置等。

6.行走系统

由驱动、转向、敏动等部分组成。驱动部分使用双级增扭液压无级变速,常压单片离合器,四挡变速箱,一级直齿传动边减系统。制动器分脚制动式和手制动式,为盘式双边制动器,由单独液力系统操纵。转向系统采用液力转向方式。

7.传动系统

动力由发动机左侧传出,经皮带或链条传动,传给割台、脱粒部分工作部件和行走部分。

8.操纵系统

操纵系统主要设置在驾驶室内,联合收割机工作过程有以下几条路径:

未割作物→拨禾轮→切割器→中央搅笼→过桥→碎石子进入集石槽→滚筒凹板→逐稿轮→横向抖动器→切割器→排出机外；

未割作物→拨禾轮→切割器→中央搅笼→过桥→碎石子进入集石槽→滚筒凹板→抖动板→(尾筛→排出体外)上筛→下筛→粮食滑板→籽粒推运器→糖仓升运器→糖仓；

未割作物→拨禾轮→切割器→中央搅笼→过桥→碎石子进入集石槽→滚筒凹板→抖动板→尾筛→杂余滑板→杂余推运器→杂余升运器→杂余返回滚筒进行二次脱粒

## 二、谷物联合收割机的使用调整

### (一)割台的使用调整

割台的作用是完成作物的切割和输送,普通割台的割幅有两种可供选择,分别是2.75米和2.5米,大豆割台是整体挠性割台,割幅是2.75米,割台性能优良,可靠性强,优于同类机型。下面叙述的是普通型割台的使用,根据当地谷物收获的需要,自行选择割茬高度,通过升降来调整。一般割茬高度在100~200毫米之间,在允许的情况下,割茬应尽量高一些,有利于提高联合收割机的作用效率。

1.拨禾轮的使用与调整

3080型联合收割机装配的是偏心弹齿式拨禾轮,这种拨禾轮性能优良,尤其是收割倒伏作物,它有多个调整项目,使用中应多加注意。

(1)拨禾轮速的调整有两处,一是链条传动,链条挂接在不同齿数的链轮上可以获得不同的转速;二是带传动,通过3根螺栓可以调整带盘的开度,调整后应重新张紧传动带。

(2)拨禾轮速的选择取决于主机行进速度,行进速度越快,拨禾轮转速越快。但应避免拨禾轮转速过高造成落粒损失。一般拨禾轮应稍微向后拨动一下作物,将作物平稳地铺放到割台,上。

(3)拨禾轮高度应与作物的高度相适应,通过液压手柄随时调整。为了平稳地输送作物,拨禾轮齿耙管应当拨在待割作物的重心处,即应拨在从割茬往上作物的大约2/3高处。保证作物平稳输送是割台使用的基本要求。

(4)当收割倒伏作物时,在割台降低的同时,应将拨禾轮调整到很低的位置,拨禾轮上的弹齿可以非常接近地面,在拨禾轮相对主机速度较高的情况下,弹齿将倒伏作物提起,然后进行切割。

(5)普通割台为了适应各种不同秸秆长度的要求,拨禾轮前后位置的调整范围较大。一般收获稻麦等短秸秆作物时,应将拨禾轮的位置调到支臂定位的后数第一、第二或第三个孔上,使拨禾轮与中央搅笼之间的距离变得较小,防止作物堆积,使喂入顺畅。

（6）拨禾轮齿耙需要注意装有许多弹齿，通过偏心装置能够调整其方向，弹齿方向一般应与地面垂直。当收割倒伏作物或者收割稀疏矮小作物时，应调整至向后倾斜，以利于作物的输送。弹齿方向的调整方法是松开两个可调螺栓，扳动偏心盘以改变弹齿方向，然后拧紧螺母。

（7）拨禾轮支承轴承是滑动轴承，为防止缺油造成磨损，每天应向轴承注油一两次。

2.切割器的使用与调整

切割器是往复式的，有较强的切割能力，可保证在10千米/时的作业速度下没有漏割现象。动刀片采用齿形自磨刃结构，刀片用铆钉铆在刀杆上，铆钉孔直径为5毫米。

在护刃器中往复运动的刀杆在前后方向上应当有一定的间隙。如果没有间隙，刀杆运动会受阻，但如果间隙过大，间隙中塞上杂物，刀杆的运动也会受阻，刀杆前后间隙应调整到约0.8毫米，调整时松开刀梁上的螺栓，向前或向后移动摩擦片即可。

动刀片与定刀片之间为切割间隙，此间隙一般为0~0.8毫米，调整时可以用手锤上下敲击护刃器，也可以在护刃器与刀梁之间加减垫片。

摇臂和球铰是振动量较大的零部件，每天应当对该处的3个油嘴注入润滑脂。

3.中央搅笼的调整与使用

中央搅笼及其伸缩齿与割台体构成推运器，调整好中央搅笼的位置和输送间隙能够使作物喂入顺利。

（1）如果搅笼前方出现堆积现象，可向前和向下移动中央搅笼。调整时，松开两侧调整板螺栓，移动调整板，此时中央搅笼也随之移动。两侧间隙要调整一致，调整后要紧固好螺栓，并且要重新调整传动链条的松紧度。

（2）如果中央搅笼的运动造成谷物回带，可适当后移中央搅笼，使搅笼叶片与防缠板之间间隙变小。

（3）如果中央搅笼叶片与割台底板之间有堵塞现象，可通过搅笼调整板减小搅笼叶片下方的间隙。

（4）伸缩齿与底板之间间隙越小，抓取能力越强，间隙可调整到5~10毫米。调整部位是右侧的调整手柄，松开螺栓后，向上扳伸缩齿向下，向下扳伸缩齿向上，调整后紧固螺栓。

（5）为了避免因为中央搅笼堵塞造成故障，在搅笼的传动轴上装有摩擦片式安全离合器，出厂时弹簧长度调整到37毫米；作业中可根据具体情况适当调整。弹簧的紧度应当使正常运转时摩擦片不滑转，当中央搅笼堵塞，并且扭矩过大有可能造成损坏时，摩擦片滑转。安全离合器是干式的，不要加润滑油，否则无法使用。

4.倾斜输送器(过桥)的使用与调整

过桥将割台和主机衔接起来,并用输送器和链耙输送谷物。带动输送链的主动辊,其位置是固定的;被动辊的位置不确定,随着谷物的多少而浮动,在弹簧的作用下,浮动辊及其链耙始终压实作物,形成平稳的谷物流。

(1)非工作时间的间隙。收获稻麦等小籽粒作物,浮动辊正下方链耙齿与过桥底板之间距离应为3~5毫米;收获大豆等大籽粒作物时,这个间隙应为15~18毫米。调整时拧动过桥两侧弹簧上端的螺母即可。

(2)输送链预紧度的调整。打开检视口,用150牛的力向上提输送链,应能提起20~35毫米,否则应拧动过桥两侧的调整螺栓,调整浮动辊的前后位置,使输送链紧度适宜。过桥的主动轴上有防缠板,不要拆除。

**(二)脱粒机构的使用与调整**

谷物经过倾斜输送器输送到由滚筒和凹板组成的脱粒机构后,在滚筒和凹板冲击、揉搓下,籽粒从秸秆上脱下。滚筒转速越高,凹板与滚筒之间的间隙越小,脱粒能力越强。反之,脱粒能力越弱。

针对不同作物的收获,脱粒滚筒有1 200、1 000、900、833、760、706和578转/分七种转速可供选择。上述七种转速是通过更换主动带轮与被动带轮来实现的,各转速相应的主、被动带轮外径(毫米)为385、275、355、305、330、305、330、330、305、330、305、355、275、380毫米。收获小麦时,用1 000或1 200转/分;收获水稻时,用1000、900、833、760或706转/分。收获水稻时用的是钉齿滚筒和钉齿凹板。为了发挥3080型收割机的最佳性能,收获大豆时需要更换传动件以改变滚筒转速。右侧三联带传动的两个三槽带盘,主动盘换成φ202毫米,被动盘换成q332毫米,使分离滚筒转速变为600转/分,传动带由S24314型换成D19002型。第一滚筒传动带盘,主动盘换成φ305毫米,被动盘换成φ355毫米,使脱粒滚筒转速变为706转/分。第二滚筒左侧链传动的被动链轮由25齿换成18齿。过桥主动轴右侧带盘换成φ218毫米,传动带由S60018型换成D19003型。

使用中,发动机必须用大油门工作。如转速不足应检查发动机的空气滤清器和柴油滤清器是否堵塞,传动带是否过松。此外,收割机不要超负荷作业,否则将堵塞滚筒,清理堵塞很费时间。一旦滚筒堵塞,不要强行运转,否则会损坏滚筒的传动带,此时应将凹板间隙放大,从滚筒的前侧进行清理。

使用脱粒滚筒应遵循以下原则:

1.收获前期或谷物潮湿时,凹板间隙调整手柄扳到相对于靠上的位置,此时凹板间隙较小;收获的作物逐渐干燥,手柄应扳到靠下的位置,使凹板间隙大些。

2.只要能够脱净,凹板间隙越大越好。是否脱净,要看第二滚筒的出草口是否夹带籽粒,如出草口不跑粮,证明籽粒已经脱净。用凹板调整手柄调整凹板间隙是一般的方法,也可以通过凹板吊杆调整凹板间隙,调整时,要两侧同时进行,保持间隙一致。

### (三)分离机构的使用与调整

谷物经过脱落滚筒时,有75%~85%的籽粒被脱下,并且有少部分籽粒从凹板的栅格中分离出来。从滚筒凹板的出口处抛出的物料进入第二滚筒,即轴流滚筒,轴流滚筒具有复脱作用,同时完成籽粒的分离工作。在滚筒高速旋转的冲击和凹板配合的揉搓下,剩余籽粒被逐渐脱下,在离心力的作用下,籽粒和部分细小的物料在凹板中分离出来。构成轴流滚筒壳体的下半部分是栅格式凹板,上半部分是带有螺旋导向叶片的无孔滚筒壳体,稻草等物料在高速旋转的同时,在导向叶片的作用下,沿着轴向被推出滚筒的排草门。

在保证脱粒和分离性能的情况下,应使稻秆尽可能完整,从而使下一级的清选系统中的物料尽可能少一些,以减少清选系统的负荷。实现这一点的重要方法是尽可能使第一滚筒的脱粒能力弱一些。分离滚筒与凹板间的间隙,在收获水稻时,应从一般的40毫米调整为15毫米,调整后紧固螺母,并用手转动检查有无刮碰。

### (四)清选系统的使用与调整

清选系统包括阶梯板、上筛、下筛、尾筛、风扇和筛箱等。阶梯板、上筛和尾筛装在上筛箱中,下筛装在下筛箱中,采用上、下筛交互运动方式,有效地消除了运动的冲击,平衡了惯性力,清选面积大,而且具有多种调整机构,通过调整能达到最佳清选效果。

#### 1.筛片开度的选择

鱼鳞筛筛片开度可以调整,调整部位是筛子下方的调整杆。所谓开度,是指每两片筛片之间的垂直距离。不同的作物应选择不同的开度。潮湿度大的选择较大的开度,潮湿度小的应选择较小的开度。一般上筛开度大些,下筛开度小些,尾筛的开度比上筛再稍微大一些。见表8-4。

表8-4 筛片开度的参考值(毫米)

| 作物 | 小麦 | 水稻 | 大豆 | 油菜 |
|------|------|------|------|------|
| 上筛 | 12~15 | 15~18 | 11~18 | 7~10 |
| 下筛 | 7~10 | 10~12 | 8~11 | 4~6 |
| 尾筛 | 14~16 | 15~18 | 11~18 | 10~14 |

#### 2.风量大小的选择

在各种物料中,颖壳密度最小,秸秆其次,籽粒最大。风扇的风量应当使密度较小的秸秆和颖壳几乎全部悬浮起来,与筛面接触的仅仅是籽粒和很少量的短秸秆,这时筛子负荷很小,粮食清洁。因此,选择风量时,只要籽粒不吹走,风量越大越好。

松开风扇轴端的螺母,卸下传动带的动盘,在动定盘之间增加垫片,装上动盘,然后紧固螺母,用张紧轮重新张紧传动带,这样调整后,风扇转速提高,风量增大;用相反的方法调整,风量减小。

3.风向的选择

为了使整个筛面上都有一个适宜的风量,在风扇的出风口安装了导风板,使较大的下侧风量向上分流,将风量合理地导向筛子的各个位置。

在风箱侧面设有导风板调整手柄,收获稻麦等小籽粒作物时,导风板手柄置于从上数第一、第二凸台之间,风向处于筛子的中前部;收获大籽粒作物时,导风扳手柄置于第二、第三凸台之间或第三、第四凸台之间,风向处于筛子的中后部位。

4.杂余延长板的调整

筛子下方有籽粒滑板和杂余滑板,在杂余滑板的后侧有一杂余延长板,它的作用是对尾筛后侧的籽粒或杂余进行回收,降低清选损失。杂余延长板的安装位置有3个,松开两个螺栓,该板可以向上或向下移动,位置合适后将两侧的销子插入某一个孔中。

在清选系统正确调整的情况下,应将销子插在后下孔中,这样安装的好处是使延长板与尾筛之间的距离相对大一些,在上筛和下筛之间的短秸秆能够顺利地从该处被风吹出来,避免了短秸秆被延长板挡在杂余滑板和杂余搅笼内,减少了杂余总量。

5.杂余总量的限制

所谓杂余,是指脱粒机构没有脱下籽粒的小穗头,联合收割机设置了杂余回收和复脱装置。3080型联合收割机这种杂余应当很少,如果杂余系统的杂余总量过多,则是非杂余成分如短秸秆和籽粒等进入了该系统,正确调整筛子开度、风量、风向以及杂余延长板,杂余量就会减少。杂余量过多会影响收割机的工作效果,而且加大杂余回收和复脱装置及其传动系统的负荷,可能会造成某些零部件的损坏,因此,保持杂余量较小是很重要的。

清选系统只有对各项进行综合调整,才能达到最佳状态。

**(五)粮箱和升运器的使用与调整**

1.升运器输送链松紧度调整时,打开升运器下方活门,用手左右扳动链条,链条在链轮上能够左右移动,其紧度适宜。否则,可以通过升运器上轴的上下移动来调整;松开升运器壳体上的螺栓(一边一个),用扳子转动调整螺母,使升运器上轴向上或向下移动,直到调好后再重新紧固螺母。输送链过松会使刮板过早磨损;过紧,会使下搅笼轴损坏。

2.升运器的传动带松紧度要适宜,过松要丢转,过紧也会损坏搅笼轴。

3.粮箱容积为1.9立方米,粮满时应及时卸粮,否则可能损坏升起运器等零部件。

4.粮箱的底部有一粮食推运搅笼,流入搅笼内的粮食流动速度由卸粮速度调整板调定。调整板与底板之间间隙的选择要视粮食的干湿程度和粮食的含杂率而定,湿度大的粮食这个开度应小些,反之应大些;开度不要过大,以防卸粮过快,造成卸粮搅笼损坏。

带有卸粮搅笼的联合收割机在卸粮时,发动机应当使用大油门,并且要一次把粮卸完,卸粮之前要把卸粮筒转到卸粮位置,如果没转到卸粮位置就卸粮容易损坏方向节等零部件。

不带卸粮筒的收割机在卸粮时,要先让粮食自流,当自流减小时,再接合卸粮离合器。应当指出,必须这样做,否则将损坏推运搅笼等零部件。

**(六)行走系统的使用与调整**

行走系统包括发动机的动力输出端、行走无级变速器、增扭器、离合器、变速箱、末级传动和转向制动等部分。

1.动力输出端

动力输出端通过一条双联传动带将动力传递给行走无级变速器,通过三联传动带将动力传递给脱谷部分等。动力输出半轴通过两个注油轴承支承在壳体上,注油轴承应定期注油。使用期间应注意检查壳体的温度,如果温度过高,应取下轴承检查或更换。

2.行走中间盘

行走中间盘里侧是一双槽带轮,通过一条双联传动带与输出端带轮相连接。外侧是行走无级变速盘,在某一挡位下增大或减小行走速度就是通过它来实现的。它包括动盘、定盘、螺柱及油缸等件。

当要提高行走速度时,操纵驾驶室上的无级变速液压手柄,压力油进入油缸,推动油缸体,动盘向外运动,使动、定盘的开度变小,工作半径变大,行走速度提高。

拆变速带的方法:将无级变速器变到最大位置状态,将液压油管拆下,推开无级变速器的动盘,拆下变速带。

拆变速器总成的方法:拆下油缸,取出支板,拆下传动带,拧出螺栓,拆下变速器总成。

由于使用期间经常用无级变速,所以动、定盘轮毂之间需要润滑,它的润滑点在动盘上,要定期注油,否则会造成两轮毂过度磨损、无级变速失灵等故障。

3.增扭器

自动增扭器既能实现无级变速,又能随着行走阻力的变化自动张紧和放松传动带,从而提高行走性能,延长机器零部件的使用寿命。

当增速时,行走带克服弹簧弹力,动盘向外运动,工作半径变小,实现大盘带小盘,行走速度增加。

当减速时,中间盘的油缸内的油无压力,增扭弹簧推动动盘向定盘靠拢,行走带推动中间盘的动盘、螺柱、油缸体向里运动，实现小盘带大盘，转速下降。

由于增扭器的动、定盘轮毂和推力轴承运动频繁，应定期注油，增扭器侧面有润滑油嘴。

**4.离合器**

离合器属于单片、常压式、三压爪离合器，它与增扭器安装在一起。

拆卸时，应先拆下前轮轮胎和边减速器的两个螺栓，拧下增扭器端盖螺栓，取下端盖，松开变速箱主动轴端头的舌形锁片，卸下紧固螺母，然后取下离合器与增扭器总成。

如果需要分解，在分解离合器和增扭器之前，要在所有部件上打上对应的标记，以防组装时错位，因为它们整体作了动平衡校正，破坏了动平衡会损坏主动轴或变速带。

离合器拆装完以后应调整离合器间隙，调整时注意：保证3个分离压爪到离合器壳体加工表面的垂直距离为(27±0.5)毫米，如距离不对或3个间隙不准，不一致可通过分离杠杆上的调整螺钉调整。

分离轴承是装在分离轴承架上的，轴承架与导套间经常有相对运动，所以应保证它的润滑。离合器上方的油杯是为该处润滑的，在工作期间每天应向里拧一圈。注意：这个油杯里装的是润滑脂，油杯盖拧到底后，应卸下，再向油杯里注满润滑脂。

离合器的使用要求是接合平稳、分离彻底。不要把离合器当作减速器使用，经常半踏离合器会导致离合器过热，造成损坏。有时离合器分离不彻底，可将离合器拉杆调短几毫米；也有可能是离合器连杆的连接松动或失灵而造成的，应经常检查。

**5.变速箱**

变速箱内有2根轴。它有3个前进挡，1个倒挡。I挡速度为1.49~3.56千米/时；II挡速度为3.422~7.469千米/时；I1挡速度为9.308~20.324千米/时；倒挡速度为2.86~7.92千米/时。

如果掉挡，应调整变速软轴。调整时，应先将变速杆置于空挡位置，然后再松开两根软轴的固定螺母，调整软轴长度，使变速手柄处于中间位置，紧固两根变速软轴，在驾驶室中检查各个挡位的情况。

对于新的收割机来说，变速箱工作100小时后应将齿轮油换掉，以后每过500时更换一次。变速箱的加油口也是检查口，平地停车加油时应加到该口处流油为止。变速箱加的应是80W/90或85W/90齿轮油。末级传动的用油状况与变速箱相同。

**6.制动机构**

制动机构上有坡地停车装置。如果收割机在坡地处停车，应踩下制动踏板，将锁片锁在驾驶台台面上，确认制动可靠后方可抬脚，正常行驶前应将锁片松开恢复到原来的状态。

制动器装在从动轴上。制动鼓与从动轴通过花键连接在一起,制动蹄则通过螺栓装在变速箱壳体上。当踏下踏板时,制动臂推动制动蹄向外张开,并与制动鼓靠紧,从而使从动轴停止转动,实现制动。制动间隙是制动蹄与制动鼓之间的自由间隙,反映到脚踏板上,其自由行程应为20~30毫米,调整部位是制动器下方的螺栓。使用期间应经常检查制动连杆部位有无松动现象,如有问题应及时解决,以保证行车安全。

7.转轮桥

这里需注意的是如何调整前束,正确调整转向轮前束可以防止轮胎过早磨损。调整时后边缘测量尺寸应比前边缘测量尺寸大6~8毫米,拧松两侧的紧固螺栓,转动转向拉杆即可调整转向前束。

8.轮胎气压

驱动轮胎压为280千帕,转向轮胎压为240千帕。

### 三、谷物联合收割机使用注意事项

#### (一)动力机构使用注意事项

发动机是收割机的关键部件,要保证发动机各个零部件的状态良好,并严格按照发动机使用说明书的要求使用。

1.润滑系统的使用注意事项

(1)机油油位的检查。取出油尺,油位应在上下刻线之间。如果低于下刻线,会影响整台发动机的润滑,应当补充机油,上边有机油加油口。如果油位高于上刻线,应当将油放出,下边有放油口,机油过多将会出现烧机油等故障。

(2)机油油号的选择。3080型收割机所配发动机要求使用机油的等级是CC级(注:这里的CC级和下面的CD级均是指品质等级,我国和美国所用的品质等级代号相同)柴油机油,其中玉柴发动机推荐使用CD级机油,夏季使用SAE40(注:这里的SAE40和下面的SAE15W/40等是指黏度等级,一般表示时不用前缀"SAE")。例如品质等级为CD级、黏度等级SAE20。也可使用SAE15W/40,这种机油属于复合型机油,冬、夏两季使用SAE30或SAE20。也可使用SAE15W/40,这种机油属于复合型机油,冬、夏都可使用,机器出厂时加的就是15W/40机油。

(3)机器的换油周期。对于新车来说,运转60小时换新机油,以后每运转150小时将油底壳的机油放掉,加入新机油。要求在热车状态下换机油。

2.燃油系统使用注意事项

(1)柴油油号的选择。发动机要求使用0号以上的轻柴油,油号是0号、-10号、-20号、-35号,油号也表示这种柴油的凝点,所选用的牌号要根据当地气温而定,保证所选用柴油的凝点比环境温度要低。

（2）3080型割机油箱容量是110升，所加的柴油可达到滤网的下边缘，油箱不要用空。每天作业以后将沉淀24小时以上的柴油加入油箱，并在每天工作前，打开其下部的排污口，将沉淀下来的水和杂质放出。

（3）柴油滤清器的保养。工作期间应根据柴油的清洁度定期清理柴油滤清器，不要在柴油机功率不足、冒黑烟的情况下才进行清理。清理柴油机滤清器时，应卸滤芯，用柴油清洗干净。

3.冷却系统使用注意事项

冷却系统是保证发动机有一正常工作温度的工作系统之一，包括防尘罩、水箱、风扇和水泵等。

（1）冷却水位的检查。打开水箱盖，检查水位是否达到散热片上边缘处，如不足应补充，否则将造成发动机高温。

（2）冷却水的添加。停车加满水后，启动发动机，暖车后水箱的液面会下降，必须进行二次加水，否则将造成发动机高温。

（3）发动机有3个放水阀，分别在机体上、水箱下、机油散热器下，结冻前必须打开3个放水阀把所加的普通水放掉。

4.进气系统的使用注意事项

进气系统是向发动机提供充足、干净空气的系统，为了达到这个目的，进气系统安装了粗滤器。粗滤器可以滤除空气中的大粒灰尘，保养时应经常清理皮囊内的灰尘。如发现发动机排气系统冒黑烟，并且功率不足，应清理空气细滤器，拧下端盖旋钮，取下端盖，然后取出滤芯清理。一般情况下，用简单保养方法即可：放在轮胎上，轻轻地拍击以除去灰尘。一般每天要进行两次保养。

**（二）液压系统使用注意事项**

3080型联合收割机的液压系统操纵的是割台升降、拨禾轮升降、行走无级变速和行走转向四部分。它将发动机输出的机械能通过液压泵转换成液压能，通过控制阀，液压油再去推动油缸，从而重新转变成机械能去操纵相关部分。系统压力的大小取决于工作部件的负荷，即压力随着负载大小而变化。

1.液压系统要求使用规定的液压油，品种和牌号是N46低凝稠化液压油，不可使用低品质液压油或其他油料，否则系统就会产生故障。

2.液压油在循环中将源源不断地产生热量，油箱也是散热器，必须保证油箱表面的清洁以免影响散热，油箱容积是15升。

3.在各工作油缸全部缩回时，将油加到加油口滤网底面上方10~40毫米。要求500小时或收获季节结束时换液压油，同时更换滤清器。

4.更换滤清器时可以手用力拧，也可用加力杠杆拧下。滤清器与其座之间的密封件要完好，安装前在密封件上应涂润滑油。拧紧时要在密封件刚刚压紧后再紧3/4~4/

5圈,不要过紧,运转时如果漏油,可再紧一下。

5.液压手柄在使用操作后应当能够自动回位,否则会使液压,系统长时间高压回油,产生高温,造成零部件损坏。液压系统正常的使用温度不应超过60℃。

全液压转向机工作省力,正常使用动力转向只需5牛•米的扭矩,如果出现转向沉重现象应排除故障。

转向沉重的可能原因如下:液压油油量偏少;液压油牌号不正确或变质;液压泵内泄较严重;转向盘舵柱轴承生锈;转向机人力转向的补油阀封闭不严;转向机的安全阀有脏物卡住或压刀偏低。

转向失灵的可能原因如下:弹片折断;联动轴开口处折断或变形;转子与联动轴的相互位置装错;双向缓冲阀失灵;转向油缸失灵。

另外,要注意转向机进油管和回油管的位置不可相互接反,否则将损坏转向机。

新装转向机的管路内常存有空气,在启动之前要反复向两个方向快速转动转向盘以排气。

**(三)电气系统使用注意事项**

3080型联合收割机的电气系统采用负极搭铁,直流供电方式,电压是12伏。

电气系统包括电源部分、启动部分、仪表部分和信号照明部分等,合理、安全使用电气部分有重要意义。

1.启动用蓄电池型号是6-Q-165。要经常检查电解液液面高度,电解液液面高度应高于极板10~15毫米,如果因为泄漏而液面降低,应添加电解液,电解液的密度一般是1.285;如果因为蒸发而液面降低,应添加蒸馏水。禁止添加浓硫酸或者质量不合格的电解液以及普通水。

2.在非收获季节,要将蓄电池拆下,放在通风干燥处,每月充电一次。6-Q-165型蓄电池用不大于16.5安的电流充电。

3.启动发动机以后,启动开关应能自动回位,如果不能自动回位,需要修理或更换,否则将烧毁启动电机。

4.启动电机每次启动时间不允许超过10秒,每次启动后须停2分钟再进行第二次启动,连续启动不可超过4次。

5.发电机是硅整流三相交流发电机,与外调节器配套使用。禁止用对地打火的方法检查发电机是否发电,要注意清理发电机上的灰尘和油垢。

6.保险丝有总保险和分保险两种。总保险在发动机上,容量为30安;分保险在驾驶座下。禁止使用导线或超过容量的保险丝代替,以保证安全。

7.使用前和使用中,注意检查各导线与电器的连接是否松动,是否保持良好接触。此外,应杜绝正极导线裸露搭铁,以保安全。

## 四、常见故障及排除方法

### 1.收割台部分故障及排除方法

收割台部分故障及排除方法见表8-5。

**表8-5 收割台部分故障及排除方法**

| 故障现象 | 故障分析 | 排除方法 |
|---|---|---|
| 割刀堵塞 | 遇到石块、木棍、钢丝等障碍物；<br>动、定刀片间隙过大，塞草；<br>刀片或护刃器损坏；<br>作物茎秆太低、杂草过多；<br>动、定刀片位置不"对中" | 立即停车，清理故障物；<br>正确调整刀片间隙；<br>更换损坏刀片或护刃器；<br>适当提高割茬；<br>重新"对中"调整 |
| 切割器刀片及护刃器损坏 | 硬物进入切割器；<br>护刃器变形；<br>定刀片高低不一致；<br>定刀片铆钉松动 | 清除硬物、更换损坏刀片；<br>校正或更换护刃器；<br>重新调整定刀片，使高低一致；<br>重新铆接定刀片 |
| 割刀木连杆折断 | 割刀阻力太大（如塞草、护刃器不平、刀片断裂、刀片变形、压刃器无间隙）；<br>割刀驱动机构轴承间隙太大；<br>木连杆固定螺钉松动<br>木材质地不好 | 排除引起阻力太大的故障；<br>更换磨损超限的轴承；<br>检查、紧固螺钉；<br>选用质地坚实硬木作本连杆 |
| 刀杆（刀头）折断 | 割刀阻力太大；<br>割刀驱动机构安装调整不正确或松动 | 排除引起阻力太大的故障；<br>正确安装调整驱动装置 |
| 收割台前堆积作物 | 割台搅笼与割台底间隙太大；<br>茎秆短、拨禾轮太高或太偏前；<br>拨禾轮转速太低、机器前进速度太快；<br>作物短而稀 | 按要求视作物长势，合理调整间隙；<br>尽可能降低割茬，适当调整拨禾轮高、低、前、后位置；<br>合理调整拨禾轮转速和收割机的前进速度<br>适当提高机器前进速度 |
| 作物在割台搅笼上架空喂入不畅 | 机器前进速度偏快；<br>拨指伸出位置不正确；<br>拨禾轮离喂入搅笼太远 | 降低机器前进速度；<br>应使拨指在前下方时伸入最长；<br>适当后移拨禾轮 |
| 拨禾轮打落籽粒太多 | 拨禾轮转速太高；<br>拨禾轮位置偏前打击次数多；<br>拨禾轮高打击穗头 | 降低拨禾轮转速；<br>后移拨禾轮；<br>降低拨禾轮高度 |

| 故障现象 | 故障分析 | 排除方法 |
|---|---|---|
| 拨禾轮缠草 | 拨禾轮位置太低；<br>拨禾轮弹齿后倾角偏大；<br>拨禾轮位置偏后 | 调高拨禾轮工作位置；<br>按要求调整拨禾轮弹齿角度；<br>拨禾轮适当前移 |
| 拨禾轮轴缠草 | 作物长势蓬乱；<br>茎秆过高、过湿，草多；<br>拨禾轮偏低 | 停车排除缠草；<br>停车排除缠草；<br>适当提高拨禾轮位置 |
| 被割作物向前倾倒 | 机器前进速度偏高；<br>拨禾轮转速偏低；<br>切割器上壅土堵塞；<br>动刀片切割往复速度太慢 | 适当降低收割速度；<br>适当调高拨禾轮转速；<br>清理切割器壅土，适当提高割茬；<br>调整驱动皮带张紧度 |
| 倾斜输送器链耙拉断 | 链耙失修、过度磨损；<br>链耙调整过紧；<br>链耙张紧调整螺母未靠在支架上，而是靠在角钢上 | 修理或更换新耙齿；<br>按要求调整链耙张紧度；<br>注意调整螺母一定要靠在支架上，保证链耙有回缩余量 |

2.脱谷部分故障及排除方法

脱谷部分故障及排除方法见表8-6。

**表8-6 脱谷部分故障及排除方法**

| 故障现象 | 故障分析 | 排除方法 |
|---|---|---|
| 滚筒堵塞 | 喂入量偏大，发动机超负荷；作物潮湿；滚筒凹板间隙偏小；发动机工作转速偏低，严重变形 | 停车熄火，清除堵塞作物；控制喂入量，避免超负荷，适时收割；合理调整滚筒间隙；发动机一定要保证额定转速工作 |
| 谷粒破碎太多 | 滚筒转速过高；滚筒间隙过小；作物"口松"、过熟；杂余搅笼籽粒偏多；复脱器装配调整不当 | 合理调整滚筒转速；适当放大滚筒凹板间隙；适期收割；合理调整清选室风量，风向及筛片开度；依实际情况调整复脱器搓板数 |
| 滚筒脱粒不净率偏高 | 发动机转速不稳定，滚筒转速忽高忽低；凹板间隙偏大；超负荷作业；纹杆或凹板磨损超限或严重变形；作物收割期偏早；收水稻仍采用收麦的工作参数 | 保证发动机在额定转速下工作，将油门固定牢固，不准用脚油门；合理调整间隙；避免超负荷作业，根据实际情况控制作业速度，保证喂入量稳定、均匀；更换磨损超限和变形的纹杆、凹板；适期收割；收水稻一定采用收水稻的工作参数 |

| 故障现象 | 故障分析 | 排除方法 |
|---|---|---|
| 既脱不净又破碎较多，甚至有漏脱穗 | 纹杆、凹板弯曲扭曲变形严重；板齿滚筒转速偏高，而板齿凹板齿面未参与工作；板齿滚筒转速偏低，而板齿凹板齿面参与工作；活动凹板间隙偏大，滚筒转速偏高；轴流滚筒转速偏高 | 更换纹杆、凹板；滚筒保持额定转速工作，将凹板齿面调至工作状态；滚筒保持额定转速工作；规范调整滚筒转速和凹板间隙；降低轴流滚筒转速至标准值 |
| 滚筒转速不稳定或有异常声音 | 喂入量不均匀，存在瞬时超负荷现象；滚筒有异物；螺栓松动、脱落或纹杆损坏；滚筒不平衡；滚筒产生轴间窜动与侧臂产生摩擦；轴承损坏 | 灵活控制作业速度、避免超负荷作业，保证喂入量均匀、稳定；停车、熄火，排除滚筒异物；停车、熄火，重新紧固螺栓，更换损坏纹杆；重新平衡滚筒；调整并紧固牢靠；更换轴承 |
| 排出的茎秆中夹带籽粒偏多 | 逐稿器（键式）曲轴转速偏低或偏高；键面筛孔堵塞；挡草帘损坏、缺损；横向挡草器损坏；作物潮湿、杂草多；超负荷作业 | 保证曲轴转速在规定范围内（R=50毫米时，n=180~220转/分）；经常检查，消除堵塞物；修复补齐挡草帘；修复挡草器；适期收割；控制作业速度，保证喂入量均匀，不超负荷作业 |
| 排出的杂余中籽粒含量偏高 | 筛片开度偏小，风量偏大，籽粒被吹出机外，喂入量偏大；滚筒转速高，脱粒间隙小，茎秆太碎；风量、风向调整不当 | 适当调大筛片开度；合理调整风量；减小喂入量；控制滚筒在额定转速下工作，适当调大脱粒间隙；合理调整风量、风向 |
| 逐稿器木轴瓦有声响 | 木轴瓦间隙过大；木轴瓦螺栓松动 | 调整木轴瓦间隙；拧紧松动的螺栓 |
| 粮食中含杂偏高 | 上筛前端开度大；风量偏小，风向调整不当 | 适当减小筛片开度；适当调大风量和合理调整风向 |
| 杂余中粮粒太多 | 风量偏小；下筛开度偏大；尾筛后部拾得过高 | 加大风量；减小下筛开度；降低尾筛后端高度 |
| 粮食穗头太多 | 上筛前端开度太大；风量太小；滚筒纹杆弯曲、凹板弯曲，扭曲，变形严重；钉齿滚筒、钉齿凹板装配不符合要求，偏向一侧；复脱器搓板少，或磨损 | 适当调整、减小筛片开度；合理调大风量；更换损坏的纹杆或凹板；调整装配关系，保证每个钉齿两侧间隙大小一致；修复复脱器，增加搓板。更换磨损超限的搓板 |
| 升运器堵塞 | 刮板链条过松；带打滑；作物潮湿 | 停车熄火，排除堵塞，调整链条紧度；张紧皮带紧度；适期收割 |
| 复脱器堵塞 | 安全离合器弹簧预紧力小；皮带打滑；作物潮湿；滚筒脱出物太碎、杂余太多 | 停机熄火，清除堵塞，安全弹簧预紧力调至标准；调整皮带紧度；适期收割；合理调整滚筒转速和脱粒间隙 |

3.行走系统故障及排除方法

行走系统故障及排除方法见表8-7。

### 表8-7 行走系统故障及排除方法

| 故障现象 | 故障分析 | 排除方法 |
|---|---|---|
| 行走离合器打滑 | 分离杠杆不在同一平面内；分离轴承注油太多、摩擦片进油；摩擦片磨损超限，弹簧压力降低或摩擦片铆钉松动；压盘变形 | 调整分离杠杆螺母；注意不要注油太多，彻底清洗摩擦片；更换磨损的摩擦片；更换变形压盘 |
| 行走离合器分离不清 | 分离杠杆与分离轴承之间间隙偏大，主、被动盘分离不彻底；分离杠杆和分离轴承间隙不等，主、被动盘不能彻底分离；分离轴承损坏 | 调整其间隙至标准；检查调整其间隙，分离杠杆指端应在同一平面内，偏差不大于0.5毫米，否则应更换膜片弹簧；更换分离轴承 |
| 挂挡困难或掉挡 | 离合器分离不彻底；小制动器制动间隙偏大；工作齿轮啮合不到位；换挡轴锁定机构不能定位；推拉软轴拉长 | 及时调整离合器分离轴承间隙；及时调整小制动器间隙；调整软轴长度，调整锁定机构弹簧预紧力；调整推拉软轴，调整螺母 |
| 变速箱工作有响声 | 齿轮严重磨损；轴承损坏；润滑油油面不足或油号不对 | 更换新齿轮；更换新轴承；检查油面和油型 |
| 变速范围达不到 | 变速油缸工作行程达不到要求；变速油缸工作时不能定位；动盘滑动副缺油卡死；行走皮带拉长打滑 | 系统内泄，送修理厂检修；系统内泄，送修理厂检修；及时润滑；调整无级变速轮张紧架 |
| 最终传动齿轮室有异声 | 边减半轴窜动；轴承没注油或进泥损坏；轴承座螺栓和紧定套未锁紧 | 检查边减半轴固定轴承和轮轴固定螺钉；更换轴承，清洗边缘齿轮；拧紧螺栓和紧定套 |
| 行走无级变速器皮带过早磨损和拉断 | 产品质量差；叉架与机器侧臂不平行，叉架轴与叉架套装配间隙过大；中间盘与边盘间隙过大，工作中中间盘摆动；限位挡块调整不当，超过正常无级变速范围，三角带常落入中间盘与边盘的斜面内部，皮带局部受夹、打滑；三角皮带太松，产生剧烈抖动打滑；驱动轮（或履带）沾泥挤泥，污染三角带造成打滑；行走负荷重（阴雨泥泞） | 选用合格产品；装配时保证叉架与机器侧臂的平行和叉架轴与叉架套配合间隙正确；调整正确的装配间隙；正确调整挡块位置；注意随时调整三角带张紧度；经常清理驱动轮沾泥；行走负荷重时，应停车变速，尽量避免重负荷时使用无级变速 |

4.液压系统常见故障及排除方法

液压系统常见故障及排除方法见表8-8。

### 表8-8 液压系统常见故障及排除方法

| 故障现象 | 故障分析 | 排除方法 |
|---|---|---|
| 液压系统所有油缸接通分配器时，不能工作 | 油箱油位过低;油泵未压油;安全阀的调整和密封不好;分配阀位置不对;滤清器被脏物堵塞 | 加油至标准位置;检查修理油泵;调整或更换;检查调整;清洗滤清器 |
| 割台和拨禾轮升降迟缓或根本不能升降 | 溢流阀工作压力偏低;油路中有空气;滤清器被脏物堵塞;齿轮泵内泄;齿轮泵传动带未张紧;油缸节流孔堵塞;油管漏油或输油不畅 | 按要求调整溢流阀工作压力;排气;清洗滤清器;检查泵内卸压片密封圈和泵盖密封圈;按要求张紧传动带;卸开油缸接头,清除脏物;更换油管 |
| 收割台或拨禾轮升降不平稳 | 油路中有空气 | 在油缸接头处排气 |
| 割台升不到所需高度 | 油箱内油太少 | 加至规定油面 |
| 割台和拨禾轮在升起位置时自动下降 | 油缸密封圈漏油;分配阀磨损漏油或轴向位置不对;单向阀密封不严 | 更换密封圈;修复或更换滑阀及操纵机构;研磨单向阀锥面及更换密封胶圈 |
| 油箱内有大量泡沫 | 油箱进入空气或水;油泵内漏,吸入空气 | 拧紧吸油管,修复油泵密封件,更换油封,有水时应更换新油;检查并加以密封 |
| 液压转向跑偏 | 转向器拨销变形或损坏;转向弹簧片失效;联动轴开口变形 | 送专业修理厂 |
| 液压转向慢转轻、快转重 | 油泵供油不足,油箱不满 | 检查油泵工作是否正常,保证油面高度 |
| 方向盘转动时,油缸时动时不动 | 转向系统油路中有空气 | 排气并检查吸油管路是否漏气 |

| 故障现象 | 故障分析 | 排除方法 |
|---|---|---|
| 转向沉重 | 油箱不满;油液黏度太大;分流阀的安全阀工作压力过低或被卡住;阀体、阀套、阀芯之间有脏物卡住;阀体内钢球单向阀失效 | 加油至要求油面;使用规定油液;调整、清洗分流阀的安全阀;清洗转向机;如钢球丢失,应重补装钢球;如有脏物卡住,应清洗钢球 |
| 安全阀压力偏低或偏高 | 安全阀开启,压力调整不合适;弹簧变形,压力偏小或过大 | 在公称流量情况下,调安全阀压力;检查弹簧技术状态和安装尺寸,增加或减少调压垫片 |
| 稳定公称流量过大 | 分流阀阀芯被杂质卡住;分流阀阀芯弹簧压缩过大;阀芯阻尼孔堵塞 | 清洗阀芯,更换液压油;检查装配情况,调整弹簧压力;清洗阻尼孔道,更换清洁液压油 |
| 方向盘压力振摆明显增加,甚至不能转动 | 拨销或联动器开口折断或变形 | 更换损坏件 |
| 稳定公称流量偏低 | 配套油泵容积效率下降,油泵在发动机低速时,供油不足,低于稳定公称流量;分流阀阀芯或安全阀阀芯被杂质卡住;阀芯弹簧或安全阀弹簧损坏或变形;分流阀阀芯或安全阀阀芯磨损,间隙过大,内漏增大;安全阀阀座密封圈损坏 | 更换或修复油泵;清洗阀芯,并更换清洁液压油;更换新弹簧;更换新阀芯;更换新密封圈 |
| 转向失灵、方向盘不能自动回中 | 弹簧片折断 | 更换新品 |
| 方向盘回转或左右摆动 | 转子与联动器相互位置装错 | 将联动器上带冲点的齿与转子花键孔带冲点的齿相啮合 |
| 油泵工作时噪声过大 | 油箱中油面过低;吸油路不畅通;吸油路密封不严,吸入空气 | 加油至要求油面高度;检查疏通不畅油路;检查并加以密封 |

| 故障现象 | 故障分析 | 排除方法 |
|---|---|---|
| 卡套式接头漏油 | 被连接管未对正接头体,或螺母未按正确方法拧紧 | 被连接管对准接头体内正推端面。然后边拧紧螺母,边转动曾子,当转子不能转动时,继续旋紧螺母1~4/3圈为宜。安装前卡套刃口端面与管口端面预留6毫米左右距离。拧接头时,不准扭转管子 |
| 无级变速器油缸进退迟缓 | 溢流阀工作压力偏低;油路中有空气;滤清器堵塞;齿轮泵内漏;齿轮泵传动皮带松;油缸节流孔堵塞 | 按要求调溢流阀工作压力至标准;排气;清洗滤清器;检查更换密封圈;张紧传动皮带;卸掉油缸接头,清除脏物 |
| 无级变速器换向阀居中,油缸自动退缩 | 油缸密封圈失效;阀体与滑阀因磨损或拉伤间隙增大,油温高,油黏度低;滑阀位置没有对中;单向阀(锥阀)密封带磨损或粘脏物 | 更换密封圈;送专业厂修理或更换滑阀,油面过低加油,选择适合的液压油,使滑阀位置保持对中;更换单向阀或清除污物 |
| 无级变速器油缸进退速度不平稳 | 油路中有空气;溢流阀工作不稳定;油缸节流孔堵塞 | 排气;更换新弹簧;卸开接头,清除污物 |
| 熄火转向时,方向盘转动而油缸不动(不转动) | 转子和定子的径向间隙或轴向间隙过大 | 更换转子 |

5.电气系统故障及排除方法

电气系统故障及排除方法见表8-9。

### 表8-9 电气系统故障及排除方法

| 故障现象 | 故障分析 | 排除方法 |
|---|---|---|
| 蓄电池经常供电不足 | 发电机或调节器有故障,没有充电电流充电线路或开关触点锈蚀,接头松动,充电电阻增高;蓄电池极板变形短路;蓄电池内电解液太少或比重不对;发电机皮带太松 | 检修发电机、调节器;清除触点锈蚀、拧紧各接线头;更换干净电解液,更换变形极板;添加电解液至标准,检查比重;张紧皮带 |
| 蓄电池过量充电 | 调节器不能维持所需要的充电电压 | 调整或更换调节器 |

| 故障现象 | 故障分析 | 排除方法 |
|---|---|---|
| 蓄电池充电不足（充不进电） | 极板硫化严重；电解液不纯；极板翘曲 | 更换极板；更换纯度高的电解液；更换新极板 |
| 启动机不转 | 保险丝熔断；接头接触不良或断路；蓄电池没电或电压太低；电刷、换向器或电源开关触点接触不良；启动机内部短路或线圈烧毁 | 更换保险丝；检查清理接头、触点和线路；蓄电池充电或更换新蓄电池；调整电刷弹簧压力，清理各接触点；更换新启动机 |
| 启动机有吸铁声，但无力启动发动机 | 蓄电池电压过低；电源开关的铁芯行程不对；环境温度太低；启动机内部故障 | 充电、补充电解液，或更换新蓄电池；通过偏心螺钉调整；更换新启动机；更换新启动机 |
| 发动机启动后，齿轮不能退出 | 开关钥匙没回位电源开关的触点熔在一起；电源开关行程没调好 | 启动后，开关钥匙应立即回位；锉平或用砂纸打光触点；调整偏心螺钉 |
| 发电机不能发电或发电不足 | 线路接触不良或接错；定子或转子线圈损坏；电刷接触不良；调节器损坏；皮带太松 | 对照电路图和接线图检查并保证各接点接触良好；换新发电机；调整或换新炭刷；换新调节器；张紧皮带 |
| 仪表不指示 | 线路接触不良；保险丝熔断；传感器损坏 | 检查并拧紧螺钉；换新保险丝；换新传感器 |
| 灯泡不亮 | 开关损坏，线路接触不好；保险丝熔断，灯泡坏 | 换新开关，检查拧紧各接触点；换相同规格保险丝，换灯泡 |

6. 发动机常见故障及排除方法

发动机常见故障及排除方法见表8-10。

表8-10 发动机常见故障及排除方法

| 故障现象 | 故障分析 | 排除方法 |
|---|---|---|
| 发动机启动困难或不能启动 | 无燃油；油水分离器滤芯堵塞；燃油系统内有水、污物或空气；燃油滤芯堵塞；燃油牌号不正确；启动回路阻抗过高；曲轴箱机油黏度值过高；喷油嘴有污物或失效；喷油泵失效；发动机内部问题 | 加油，并给供油系统排气；清洗或更换新滤芯；定期放油箱沉淀，加清洁燃油，排气；更换滤芯、排气；使用适合于使用条件的燃油；清理、紧固蓄电池及启动继电器上的线路；换用黏度和质量合格的机油；修理或更换新油嘴；送修理厂修理、校正油泵；送修理厂修理 |

| 故障现象 | 故障分析 | 排除方法 |
|---|---|---|
| 发动机运转不稳定,经常熄火 | 冷却水温太低;油水分离器滤芯堵塞;燃油滤芯堵塞;燃油系统内有水、污物或空气;喷油嘴有污物或失效;供油提前角不正确;气门推杆弯曲或阀体黏着 | 运转预热水温超过60℃时工作;更换滤芯;更换滤芯并排气;排气、冲洗重新加油并排气;送专业厂(所)修理;送专业厂(所)修理;送专业厂(所)修理 |
| 发动机功率不足 | 供油量偏低;进气阻力大;油水分离器滤芯堵塞;发动机过热 | 检查油路是否通畅,是否有气,校正油泵;清洁空气滤清器;更换滤芯;参看"发动机过热故障排除" |
| 发动机过热 | 冷却水不足;散热器或旋转罩堵塞;旋转罩不转动;风扇传动带松动或断裂;冷却系统水垢太多;节温器失灵;真空除尘管堵塞;风扇转速低;风扇叶片装反 | 加满水,并检查散热器及软管、是否渗漏;清理散热器和旋转罩(防尘罩);传动带脱落或断裂,更换;更换损坏传动带;彻底清洗、排垢;更换新品;清理除尘管;调整皮带紧度;重新正确装配 |
| 机油压力偏低 | 机油液面低;机油牌号不正确;机油散热器堵塞;油底壳机油污物多,吸油滤网堵塞 | 加至标准液面;更换正确牌号机油;清除堵塞或送专业人员修理;更换清洁机油,清洗滤网 |
| 发动机机油消耗过大 | 进气阻力大;系统有渗漏;曲轴箱机油黏度低;机油散热器堵塞;拉缸或活塞环对口;发动机压缩系统磨损超限 | 检查清理空气滤清器,清理进气口;检查管路、密封件和排放塞等是否渗漏;换用标号正确的机油;清理堵塞;送专业人员修理;送专业人员修理 |
| 发动机燃油耗量过高 | 空气滤清器堵塞或有污物;燃油标号不对;喷油器上有污物或缺陷;发动机正时不正确;油泵供油量偏大;供油系统渗漏严重 | 清除堵塞、清理过滤元件;换用标号正确燃油;送专业人员修理;送专业人员修理,重新调整正时;送专业人员修理,重调标准供油量;检查清理排气不畅 |
| 发动机冒黑烟或灰烟 | 空气滤清器堵塞;燃油标号不正确;喷油器有缺陷;油路内有空气;油泵供油量偏大;供油系统渗漏 | 清除堵塞;更换符合要求标号燃油;换新件或送专业人员修理;排气;检查清理排气不畅;请专业人员修理 |
| 发动机冒白烟 | 发动机机体温度太低;燃油牌号不正确;节温器有缺陷;发动机正时不正确 | 预热发动机至正确工作温度;使用十六烷值的燃油;拆卸检查或更换新品;送专业人员修理 |
| 发动机冒蓝烟 | 发动机活塞环对口;发动机压缩系统磨损超限;新发动机未磨合;曲轴箱油面过高 | 重新安装活塞环;送专业人员修理、更换磨损超限零件;按规范磨合发动机;放沉淀,使油面降至标准 |

## 第四节　玉米果穗联合收割机的使用与维护

玉米是我国主要粮食作物之一,种植面积大,玉米收割机械的发展很快,购买玉米收割机的用户日趋增多。然而玉米收割机技术含量高,对农民来说是一种新型农机具,而且玉米联合收割机结构复杂,运动部件多,作业环境差,农民对玉米收割机的使用和维护保养知识还比较缺乏。

### 一、玉米果穗联合收割机的构造及工作过程

约翰迪尔6488型玉米果穗联合收割机是约翰迪尔佳联收获机械有限公司在吸收国内外玉米果穗联合收割机技术的基础上,自主研发的玉米收割机械。该机设计新颖,在割台、剥皮、茎秆粉碎处理等方面进行大胆创新,适合我国东北玉米种植的农艺要求。该机可以一次完成玉米果穗收割的全过程作业。专用于玉米果穗收割,满足国内玉米收割水分过多,不易直接脱粒的特点。具有结构紧凑、性能完善、作业效率高、作业质量好等优点。

约翰迪尔6488型玉米果穗联合收割机主要由割台(摘穗)、过桥、升运器、剥皮机(果穗剥皮)、籽粒回收箱、粮箱、卸粮装置、传动装置,切碎器(秸秆还田)、发动机部分、行走系统、液压系统、电气系统和操作系统等组成。

当玉米果穗联合收割机进入田间收获时,分禾器从根部将禾秆扶正并导向带有拨齿的拨禾链,拨禾链将茎秆扶持并引向摘穗板和拉茎辊的间隙中,每行有一对拉茎辊将禾秆强制向下方拉引。在拉茎辊上方设有两块摘穗板,两板之间间隙(可调)较果穗直径小,便于将果穗摘落。已摘下的果穗被拨禾链带到横向搅笼中,横向搅笼再把它们输送到倾斜输送器,然后通过升运器均匀地送进剥皮装置,玉米果穗在星轮的压送下被相互旋转的剥皮辊剥下苞叶,剥去苞叶的果穗经抛送轮拨入果穗箱;苞叶经下方的输送螺旋推向一侧,经排茎辊排出机体外。剥皮过程中,部分脱落的籽粒回收在籽粒回收箱中。当果穗集满后,由驾驶员控制粮箱翻转完成卸粮;被拉茎秆连同剥下的苞叶被切碎器切碎还田。

### 二、玉米果穗联合收割机的使用调整

#### (一)割台

割台主要由分禾器、摘穗板、拉茎辊、拨禾链、齿轮箱、中央搅笼、橡胶挡板组成。

1.分禾器的调节

作业状态时,分禾器应平行地面,离地面10~30厘米;收割倒伏作物时,分禾器要贴附地面仿形;收割地面土壤松软或雪地时,分禾器要尽量抬高,防止石头或杂物进

105

入机体内。

收割机在公路行走时,须将分禾器向后折叠固定,或拆卸固定,防止分禾器意外损坏。分禾器通过开口销(B)与护罩连接,将开口销(B)、销轴(A)拆除,即可拆下分禾器。

2. 挡板的调节

橡胶挡板(A)的作用是防止玉米穗从拨禾链内向外滑落,造成损失。当收割倒伏玉米或在此处出现拥堵时,要卸下挡板,防止推出玉米。挡板卸下后,与固定螺栓一起存放在可靠的地方保留。

3. 喂入链、摘穗板的调节

喂入链是由弹簧自动张紧的。弹簧调节长度L为11.8~12.2厘米。摘穗板(B)的作用是把玉米穗从茎秆上摘下。安装间隙:前端为3厘米,后端为3.5~4厘米。摘穗板(B)开口尽量加宽,以减少杂草和断茎秆进入机器。

4. 拉茎辊间隙调整

拉茎辊用来拉引玉米茎秆。拉茎辊位于摘穗架的下方,平行对中,中心距离L8.5~9厘米,可通过调节手柄(A)调节拉茎辊之间的间隙。

为保持对称,必须同时调整一组拉茎辊,调整后拧紧锁紧螺母。拉茎辊间隙过小,摘穗时容易掐断茎秆;拉茎辊间隙过大,易造成拨禾链堵塞。

5. 中央搅笼的调整

为了顺利、完整地输送,搅笼叶片应尽可能地接近搅笼底壳,此间隙应小于10毫米,过大易造成果穗被啃断,掉粒等损失;过小会刮碰底板。

**(二)倾斜输送器**

倾斜输送器又称过桥,起到连接割台和升运器的作用。倾斜输送器围绕上部传动轴旋转来提升割台,确保机器在公路运输和田间作业时割台离地面能够调整到合适的间隙。

作物从过桥刮板上方向后输送。观察盖用于检查链耙的松紧。在中部提起刮板,刮板与下部隔板的间隙应为(60±15)毫米。两侧链条松紧一致。出厂时两侧的螺杆长度为(52±5)毫米,作业一段时间后,链节可能伸长,需要及时调整。

**(三)升运器**

升运器的作用是从倾斜输送器得到作物,然后将玉米输送到剥皮机。升运器中部和上部有活门,用于观察和清理。

1. 升运器链条调整

升运器链条松紧是通过调整升运器主动轴两端的调节板的调整螺栓而实现的,拧松5个六角螺母,拧动张紧螺母,改变调节板的位置,使得升运器两链条张紧度应该一致,正常张紧度应该用手在中部提起链条时,链条离底板高度为30~60毫米。使用一段时间后,由于链节拉长,通过螺杆已经无法调整时,我们可将链条卸下几节。

2.排茎辊上轴角度调整

拉茎辊的作用是将大的茎秆夹持到机外。拉茎辊的上轴位置可调,可在侧壁上的弧形孔作5°~10°的旋转调整,以达到理想的排茎效果。出厂前,拉茎辊轴承座在弧形孔中间位置,调整时,松开4个螺母,保持拉茎辊下轴不动,缓慢转动轴承座的位置,使上下轴达到合适的角度,然后拧紧所有螺栓。

3.风扇转速调整

该风扇产生的风吹到升运器的上端,将杂余吹出到机体外。该风扇是平板式的,如果采用流线型的将会造成玉米叶子抽到风扇中。

风扇转速调整是拆下升运器右侧护罩,松开链条,拆下二次拉茎辊主动链轮,更换成需要的链轮,然后连接链条,装好护罩。

风扇的转速有三种:1211转/分、1 292转/分和1 384转/分,它是通过更换输入链轮来完成的。当使用16齿链轮时,其转数为1211转/分;当使用15齿链轮时,其转速为1 292转/分(出厂状态);当使用14齿链轮时,转速为1 384转/分。

**(四)剥皮输送机**

剥皮输送机简称剥皮机,是将玉米果穗的苞叶剥除,同时将果穗输送到果穗箱的装置。

剥皮机由星轮和剥皮辊组成,五组星轮,五组剥皮辊。每组剥皮辊有四根剥皮辊,铁辊是固定辊,橡胶辊是摆动辊。

剥皮输送机工作过程:果穗从升运器落入剥皮机中,经过星轮压送和剥皮辊的相对转动剥除苞叶,并除去残余的断茎秆及穗头,然后经抛送辊将去皮果穗抛送到粮箱。

1.星轮和剥皮辊间隙调整

压送器(星轮)与剥皮辊的上下间隙可根据果穗的粗细程度进行调整。调整位置:前部在环首螺栓处(左右各一个),后部在环首螺栓处(左右各一个),调整完毕后,须重新张紧星轮的传动链条。出厂时,星轮和剥皮辊之间的间隙为3毫米。压送器(星轮)最后一排后面有一个抛送辊,起到向后抛送玉米果穗作用。

2.剥皮辊间隙调整

通过调整外侧一组螺栓(A),改变弹簧压缩量X,实现剥皮辊之间距离的调整。出厂时压缩量Z为61毫米。

3.动力输入链轮、链条的调节

调节张紧轮(A)的位置,改变链条传动的张紧程度。对调组合链轮(B)可获得不同的剥皮辊转速。

将双排链轮反过来,会产生两种剥皮机速度,出厂时转速为420转/分,链轮反转安装时,转速为470转/分。齿轮箱的输入端配有安全离合器。

### (五)籽粒回收装置

籽粒回收装置由籽粒筛和籽粒箱组成,位于剥皮机正下方,用于回收输送剥皮过程中脱落的籽粒。籽粒经筛孔落入下部的籽粒箱,玉米苞叶和杂物经筛子前部排出。

籽粒筛角度可通过调整座(A)调整,籽粒筛面略向下倾斜,是出厂状态,拆掉调整座(A),籽粒筛向上倾斜,降低籽粒损失。

### (六)茎秆切碎器

茎秆切碎器的主要作用是将摘脱果穗的茎秆及剥皮装置排出的茎叶粉碎均匀抛撒还田。茎秆切碎器的主轴旋转方向与机器前进方向相反,即逆向切割茎秆。由于刀轴的高速逆行方向旋转,可将田间摘脱果穗的茎秆挑起,同时将散落在田间的苞叶吸起,随着刀轴的转动,动定刀将其打碎,碎茎秆沿壳体均匀抛至田间。

茎秆切碎器的组成:转子、仿形辊、支架、甩刀、传动(齿轮箱换向)装置。

1.割茬高度的调整

仿形辊的作用主要是完成对切茬高度的控制。工作时,仿形辊接地,使切碎器由于仿形辊的作用,随着地面的变化而起伏,达到留茬高度一致的目的。调整仿形辊的倾斜角度,以控制割茬高度。留茬太低,动刀打土现象严重,动刀(或锤爪)磨损,功率消耗增大;留茬太高,茎秆切碎质量差。

调整时松开螺栓,拆下螺栓,使仿形辊围绕螺栓转动到恰当位置,然后固定螺栓。仿形辊向上旋转,割茬高度低;仿形辊向下旋转,割茬高度高。

2.切碎器定刀的调整

调整定刀时,松开螺栓向管轴方向推动定刀,茎秆粉碎长度短,反之茎秆粉碎长度长。用户根据需要进行调整。

3.切碎器传动带张紧度调整

切碎器传动皮带由弹簧自动张紧,出厂时,弹簧长度为(84±2)毫米,需要根据皮带的作业状态进行适当调整,调整后须将螺母锁紧。调整的基本要求:在正常的负荷下,皮带不能打滑。只在调整皮带张紧度时方可拆防护罩。

## 三、玉米果穗联合收割机的维护保养

### (一)收割前准备

1.保养

按照使用说明书,对机器进行日常保养,并加足燃油、冷却水和润滑油。以拖拉机为动力的应按规定保养拖拉机。

2.清洗

收割工作环境恶劣,草屑和灰尘多,容易引起散热器、空气滤清器堵塞,造成发动机散热不好、水箱开锅。因此必须经常清洗散热器和空气滤清器。

3.检查

检查收割机各部件是否松动、脱落、裂缝、变形,各部位间隙、距离、松紧是否符合要求;启动柴油机,检查升降提升系统是否正常,各操纵机构、指示标志、仪表、照明、转向系统是否正常,然后结合公里,轻轻松开离合器,检查各运动部件、工作部件是否正常,有无异常响声等。

4.田间检查

(1)收获前10~15天,应做好田间调查,了解作业田里玉米的倒伏程度、种植密度和行距、最低结穗高度、地块的大小和长短等情况,制订好作业计划。

(2)收获前3~5天,将农田中的渠沟、大垄沟填平,并在水井、电杆拉线等不明显障碍物上设置警示标志,以利于安全作业。

(3)正确调整秸秆粉碎还田机的作业高度,一般根茬高度为8厘米即可,调得太低,刀具易打土,会导致刀具磨损过快,动力消耗大,机具使用寿命低。

**(二)使用注意事项**

1.试运转前的检查

检查各部位轴承及轴上高速转动件的安装情况是否正常;检查V带和链条的张紧度;检查是否有工具或无关物品留在工作部件上,防护罩是否到位;检查燃油、机油、润滑油是否到位。

2.空载试运转

(1)分离发动机离合器,变速杆放在空挡位置。

(2)启动发动机,在低速时接合离合器。待所有工作部件和各种机构运转正常时,逐渐加大发动机转速,一直到额定转速为止,然后使收割机在额定转速下运转。

(3)运转时,进行下列各项检查:依次开动液压系统的液压缸,检查液压系统的工作情况,液压油路和液压件的密封情况,收割机(行驶中)制动情况。每经20分钟运转后,分离一次发动机离合器,检查轴承是否过热,以及皮带和链条的传动情况,各连接部位的紧固情况。用所有的挡位依次接合工作部件时,对收割机进行试运转,运行时注意各部分的情况。

注意:就地空转时间不少于3小时,行驶空转时间不少于1小时。

3.作业试运转

在最初作业30小时内,建议收割机的速度比正常速度低20%~25%,正常作业速度可按说明书推荐的工作速度进行。试运转结束后,要彻底检查各部件的装配紧固程度、总成调整的正确性、电气设备的工作状态等。更换所有减速器、闭合齿轮箱的润滑油。

### 4.作业时应注意的事项

（1）收割机在长距离运输过程中，应将割台和切碎机构挂在后悬挂架上，并且只允许中速行驶，除驾驶员外，收割机上不准坐人。

（2）收割机作业前应平稳接合工作部件离合器，油门由小到大，到稳定额定转速时，方可开始收割作业。

（3）收割机在田间作业时，要定期检查切割粉碎质量和留茬高度，根据情况随时调整割茬高度。

（4）根据抛落到地上的籽粒数量来检查摘穗装置工作。籽粒的损失量不应超过玉米籽粒总量的0.5%。当损失大时应检查摘穗板之间的工作间隙是否正确。

（5）应适当中断收割机工作1~2分钟，让工作部件空运转，以便从工作部件中排除所有玉米穗、籽粒等余留物，以免工作部件堵塞。当工作部件堵塞时，应及时停机清除堵塞物，否则将会导致玉米收割机负荷加大，使零部件损坏。

（6）当收割机转弯或者沿玉米垄行作业遇到水洼时，应把割台升高到运输位置。

注意：在有水沟的田间作业时，收割机只能沿着水沟方向作业。

### （三）维护保养

#### 1.技术保养

（1）清理：经常清理收割机割台、输送器、还田机等部位的草屑、泥土及其他附着物。特别要做好拖拉机水箱散热器、除尘罩的清理，否则直接影响发动机正常工作。

（2）清洗：空气滤清器要经常清洗。

（3）检查：检查各焊接件是否开焊、变形，易损件如皮带、链条、齿轮等是否磨损严重、损坏，各紧固件是否松动。

（4）调整：调整各部间隙，如摘穗辊间隙、切草刀间隙，使间隙保持正常；调整高低位置，如割台高度等符合作业要求。

（5）张紧：作业一段时间后，应检查各传动链、输送链带、离合器弹簧等部件松紧度是否适当，按要求张紧。

（6）润滑：按说明书要求，根据作业时间，对传动齿轮箱加足齿轮油，轴承加足润滑脂，链条涂刷机油。

（7）观察：随时注意观察玉米收割机作业情况，如有异常，及时停车，排除故障后，方可继续作业。

#### 2.机具的维护保养

（1）日常维护保养

每日工作前应清理收割机各部分残存的尘土、茎叶及其他附着物；检查各组成部分连接情况，必要时加以紧固。特别要检查粉碎装置的刀片、输送器的刮板和板条的紧固，注意轮子对轮毂的固定；检查三角带、传动链条、喂入和输送链的张紧程度。必要时进行调整,损坏的应更换;检查变速箱、封闭式齿轮传动箱的润滑油是否有泄漏和不足;检查液压系统液压油是否有漏油和不足;及时清理发动机水箱、除尘罩和空气滤清器;发动机按其说明书进行技术保养。

(2)收割机的润滑:玉米果穗联合收割机的一切摩擦部分都要及时、仔细和正确地进行润滑,从而提高收割机的可靠性,减少摩擦力及功率的消耗。为了减少润滑保养时间,提高收割机的时间利用率,在玉米果穗联合收割机上广泛采用了两面带密封圈的单列向心球轴承、外球面单列向心球轴承,在一定时期内不需要加油。但是有些轴承和工作部件(如传动箱体等),应按说明书的要求定期加注润滑油或更换润滑油。玉米果穗联合收割机各润滑部位的润滑方式、润滑剂及润滑周期见表8-11。

### 表8-11 玉米果穗联合收割机润滑表

| 润滑部位 | 润滑周期 | 润滑油、润滑剂 |
|---|---|---|
| 前桥变速箱 | 1年 | 齿轮油HL-30 |
| 粉碎器齿轮箱 | 1年 | 齿轮油HL-30 |
| 拉茎辊 | 1年 | 钙基润滑油、钙钠基润滑油(黄油) |
| 分动箱 | 1年 | 50%钙钠基润滑油(黄油)和50%齿轮油HIL-30混合 |
| 茎秆导槽传动装置 | 60小时 | 钙基润滑油、钙钠基润滑油(黄油) |
| 搅动输送器 | | |
| 升运器 | | |
| 秸秆粉碎装置 | | |
| 动力装置 | | |
| 行走中间轴总成 | | |
| 工作中间总成 | | |
| 三角带张紧轮 | | |

(3)三角带传动维护和保养

在使用中必须经常保持皮带的正常张紧度。皮带过松或过紧都会缩短使用寿命,皮带过松会打滑,使工作机构失去效能;皮带过紧会使轴承过度磨损,增加功率消耗,甚至将轴拉弯;防止皮带沾油;防止皮带机械损伤,挂上或卸下皮带时,必须将张紧轮松开,如果新皮带不好上时,应卸下一个皮带轮,套上皮带后再把卸下的皮带轮装上。同一回路的皮带轮轮槽应在同一回转平面上;皮带轮轮缘有缺口或变形时,应及时修理或更换;同一回路用2条或3条皮带时,其长度应该一致。

(4)链条传动维护和保养

同一回路中的链轮应在同一回转平面上;链条应保持适当的紧度,太紧易磨损,太松则链条跳动大;调节链条紧度时,把改锥插在链条的滚子之间,向链的运动方向扳动,如链条的紧度合适,应该能将链条转过20°~30°。

（5）液压系统维护和保养

检查液压油箱内的油面时,应将收割台放在最低位置,如液压油不足时,应予补充;新收割机工作30小时后,应更换液压油箱里的液压油,以后每年更换一次;加油时应将油箱加油孔周围擦干净,拆下并清洗滤清器,将新油慢慢通过滤清器倒入;液压油倒入油箱前应沉淀,保证液压油干净,不允许油里含水、沙、铁屑、灰尘或其他杂质。

（6）入库保养

1)清除泥土杂草和污物,打开机器的所有观察孔、盖板、护罩,清理各处的草屑、秸秆、籽粒、尘土和污物,保证机内外清洁。

2)保管场地要符合要求,农闲期收割机应存放在平坦干燥、通风良好、不受雨淋日晒的库房内。放下割台,割台下垫上木板,不能悬空。前后轮支起并垫上垫木,使轮胎悬空,要确保支架平稳牢固。放出轮胎内部的气体。卸下所有传动链,用柴油清洗后擦干,涂防锈油后装回原位。

3)放松张紧轮,松弛传动带。检查传动带是否完好,能使用的,要擦干净,涂上滑石粉,系上标签,放在室内的架子上,用纸盖好,并保持通风、干燥及不受阳光直射。若挂在墙上,应尽量不让传动带打卷。

4)更换和加注各部轴承、油箱、行走轮等部件润滑油;轴承运转不灵活的要拆下检查,必要时换新的。对涂层磨损的外露件,应先除锈,涂上防锈油漆。卸下蓄电池,按保管要求单独存放。

5)每个月要转动一次发动机曲轴,还要将操纵阀、操纵杆在各个位置上扳动十几次,将活塞推到油缸底部,以免锈蚀。

# 第七章　节水灌溉机械的维护技术

节水灌溉水利工程施工技术比传统灌溉技术有明显节约水源的作用,节水灌溉是运用高效灌水方法进行节约灌溉用水,因为节水与否和高效与否,都是符合国家节水规定的,所以节水灌溉技术正在不断的发展,其效率也在不断提高。本章将对节水灌溉机械的维护技术进行阐述。

## 第一节　概述

### 一、发展节水灌溉的重要意义

水是一切生命过程中不可替代的基本要素,是国民经济和社会发展的重要基础资源。节约用水,既是关系人口、资源、环境的可持续发展的长远战略,也是当前经济和社会发展的一项紧迫任务。"水是人类生存的生命线,也是农业和整个经济建设的生命线。我们必须高度重视水的问题。人无远虑,必有近忧"要"坚持不懈地搞好节约用水和防治水资源污染的工作",还要求:"大力发展:节水灌溉,提高水资源的利用率"。节水灌溉是农业新技术革命的一项重要内容,是我国农业可持续发展的根本措施。这是由我国水资源短缺和农业严重干旱缺水的基本国情所决定的。

我国是个水资源严重短缺的国家,是世界上 13 个贫水国之一,水资源总量为 $2.8×10^{12}$ 立方米,居世界第 6 位,但人均水资源占有量为 2300m³,只有世界人均水平的 1/4,居世界第 109 位;每公顷耕地平均占有水量 28050m³,仅为世界平均水平的 4/5。而且我国水资源地区时空分布很不均匀,南多北少,东多西少,夏秋多,冬春少。81% 的水资源集中分布在长江流域及以南地区,长江以北地区人口和耕地分别占我国的 45.3% 和 64.1%,而水资源拥有量却仅占全国的 19%,人均占有量为 517m³,相当于全国人均量的 1/5 和世界人均量的 1/20。农业的季节性、区域性干旱缺水问题十分突出。全球气候变暖趋势明显,使得干旱地区旱情更为加剧。每年受旱面积扩大到 2667×10⁴hm²。据统计,我国每年因干旱缺水约少产粮食 1000×10⁸kg 左右,全国有 7000 万人吃水困难,300 个城市用水紧张,110 个城市严重缺水,影响工业产值已达 1200 多亿元。缺水还导致过量引用地表水和超采地下水，我国地下水开采量已超过可开采量的30%，其结果造成全国区域性地下水降落，漏斗面积已达$8.2 \times 10^4 hm^2$，局部地区已出现地面下沉、海水入侵现象，辽宁、河北、山东三省海水入侵面积达$14.3 \times 10^4 hm^2$，地下$2 \times 10^8 m^3$以上淡水资源无法利用，黄河下游高频率、长历时、长距离河床断流达188天，断流长度达700km。

农业灌溉是我国用水的一大项，用水量占全国总用水量的70%以上（发达国家一般为50%左右）。然而由于灌溉方式落后，农业灌溉用水的利用率只有40%，仅为发达国家的一半。我国单方水的粮食产量只有0.85kg左右，远低于2kg以上的世界发达国家水平。水的浪费十分严重，按每年农业用水量$4000 \times 10^8 m^3$以上估计，有60%即$2400 \times 10^8 m^3$的水在灌水过程被损耗，使本来就不充足的水资源不能被作物高效合理地利用。这将成为21世纪制约我国农业发展的主要因素。解决上述危机的根本出路是发展节水农业，根据我国的生产实际和已有的条件，研究如何利用有限的水资源，发展具有中国特色的规模化农业高效节水体系，即通过新思路、新技术及现代化技术的集成，以最少的水量投入，获得最大的生产效率。这对解决我国21世纪16亿人口的粮食问题、保证我国农业的可持续发展和改善农业生态环境有着十分重要的意义。

## 二、节水灌溉的技术体系

节水灌溉就是采用水利、农业、工程、管理等技术措施，以最少的水资源消耗，得到最高的农作物产出。从广义上讲，凡是能提高灌溉水利用率和利用效率的技术、方法、措施，均属于节水灌溉农业技术体系的内容。根据国内外常规，一般可划分为：

1.水资源合理开发利用技术。就是采用必要的工程措施，对天然状态下的水进行有目的地干预、控制和改造，为农业生产提供一定水量的技术活动。这些技术包括地表水、地下水、土壤水的综合利用技术，废污水、灌溉回归水的回收处理利用技术及劣质水的利用技术等。

2.输配水系统的节水技术。包括输水建筑物的改造配套，防止水的跑、冒、滴、漏，以及渠道防渗、管道化输水等。

3.田间灌溉过程的节水技术。包括采用喷灌、滴灌、渗灌、微灌、控制性分根交替灌、膜上灌、膜下灌、施水播种等技术。

4.节水灌溉管理技术。世界公认节水的潜力50%在管理方面，包括对地表水、地下水资源进行统一规划、统一管理、统一调配，并根据作物的需水规律，制定不同作物的科学的灌溉制度和健全的节水政策和法规。

5.与生物技术相结合的节水灌溉技术。包括根据水资源状况调整作物种植结构、推广耐旱作物品种、节水栽培技术，采取深耕蓄水及秸秆覆盖等旱作农业和保墒措施等。节水灌溉的实施与发展是一项复杂的系统工程，单靠某一项技术或措施是无济于事的,必须注重高效用水的系统性与综合集成;强调开源、节流与管理并重;坚持水资源的高效利用与农业生产高效益相结合;宏观与微观、软件与硬件、技术措施与战略决策相结合;以科技为先导,示范工程为突破,实现农业高效用水的规模发展。限于篇幅,本章主要介绍田间灌溉过程中的机械化节水灌溉技术。

### 三、国内外节水灌溉机械化技术发展概况

纵观世界各发达国家,田间高效节水灌溉技术主要包括节水输水、节水地面灌、喷灌、微灌、滴灌与机械施水播种等。与传统的漫灌相比,采用渠道防渗和管道输水技术可节水 20%~30%,喷灌可节水 50%,微灌可节水 60%~70%。若把全国农用水的利用率提高 10%,每年即可节约 $300×10^8$~$400×10^8$ 立方米以上的农业灌溉用水,其水量可基本满足全国中等干旱年份的用水需求。

目前,全球约有灌溉土地 $2.4×10^8 hm^2$,占世界耕地的 17%,灌溉土地的粮食产量占世界粮食总产量的 1/3。从世界形势看,水资源紧缺已成为一个深刻的社会危机,世界各国对节水农业都给予了极大的关注,特别重视对农业节水灌溉的研究,以解决干旱缺水日趋严重与农产品需求日趋增加的矛盾。在水资源极为匮乏的以色列,"节约每一滴水"和"给植物灌水而不是给土壤灌水"的措施,带来了节水灌溉高度机械化、自动化、电脑化的杰出成就。目前,以喷灌、微灌技术为主的节水灌溉机械化技术在世界各国得到了迅速发展,全世界喷灌面积已发展到 $2000×10^8 hm^2$,特别是在欧洲、北美等一些经济发达国家,喷灌面积已达总灌溉面积的 90% 以上,80 多个国家和地区推广和应用微灌技术。以节水灌溉面积占农田总灌溉面积的百分比作为节水灌溉机械化水平的主要评价指标。

## 第二节　灌溉首部机电设备安装

### 一、灌溉首部机电设备

#### (一)水泵

水泵是一种将动力机的机械能转变为水的动能、压能。从面把水输送到高处或远处的机械。在农业上主要用于灌溉和排涝,因而称为非灌机械。农业上使用的水泵大多是叶片泵,它可以分为轴流泵、离心泵和混流泵 3 种。

1.轴流泵

轴流泵靠旋转叶轮的叶片对液体产生的作用力使液体沿轴线方向输送的泵,轴流泵的主要特点是流量大而扬程较低,适于平原河网地区使用。轴流泵可分为以下多种类型。

（1）按泵轴位置分。

1）立式轴流泵。泵轴与水平面垂直，目前农业上使用的轴流泵，大多属于这种类型。

2）卧式轴流泵。泵轴与水平面平行。

3）斜式轴流泵。泵轴与水平面呈一倾斜角度。

（2）按叶轮结构分。

1）固定叶片轴流泵。叶轮的叶片与轮毂铸成一体。

2）半调节叶片轴流泵。叶片通过螺母装于轮毂上，叶片在轮毂上的安装角度，可在停机后调整。

3）全调节叶片轴流泵。叶片在轮毂上的安装角度，可在停车或不停车情况下，通过一套调整机构调节。

2.离心泵

离心泵是指靠叶轮旋转时产生的离心力来输送液体的泵，其特点是结果简单，使用维修方便，流量较小而扬程较高，广泛用于农田灌溉，工业和生活供水。

离心泵可分成多种类型，根据其转轴的立卧，可分为卧式离心泵和立式离心泵；根据轴上叶轮数目多少可分为单级和多级两类；根据水流进入叶轮的方式不同，又分为单吸式和双吸式两种。

灌溉系统常用的输水温度不高于80℃清水的IS型单级单吸清水离心泵。IS型离心泵又分电机与泵不同轴的非直联式离心泵和电机与泵同轴的直联式离心泵。非直联式离心泵价格便宜，检修方便，但需要定时保养。直联式离心泵使用方便，不宜损坏，但价格较高。

3.混流泵

混流泵是介于离心泵和轴流泵之间的两种水泵，一般适于平原和丘陵区使用。它的扬程比轴流泵高，但流量比轴流泵小，比离心泵大。混流泵可分为以下两种：

（1）蜗壳式混流泵。外形与离心泵相似。我国的混流泵大多属于这种类型。

（2）导叶式混流泵。外形与轴流泵相似。

4.潜水泵

潜水泵按照用途可分为污水潜水泵（简称潜污泵），并用潜水泵和小型潜水泵3种。潜水泵是一种由立式电动机和水泵（离心泵、轴流泵或混流泵）组成的提水机械。整个机组潜入水中工作。

5.水锤泵

水锤泵是利用水锤原理设计的一种水力提水机械。其特点是结构简单，使用方便，但出水量小，对水源水量的利用率低。水锤泵适合于山区、丘陵区等有水力资源的地方使用。

6. 水轮泵

水轮泵是用轴流泵、离心泵和混流泵3种之一（主要是离心泵）与水轮机联合组成的一种水力提水机械。

水轮泵适于山区、丘陵区等有水力资源、能获得集中水源的地方使用。

**（二）过滤设备**

过滤设备是将水流过滤，防止各种污物进入滴灌系统通过管网到田间堵塞滴头或在系统管网中形成沉淀。常见过滤设备有离心过滤器、砂石过滤器筛网过滤器、叠片过滤器等。

各种过滤器可以在首部枢纽中单独使用，也可以根据水源水质情况组合使用。

1. 筛网过滤器

筛网过滤器结构简单且价格便宜，是一种有效的过滤设备，其滤网孔眼的大小和总面积决定了它的效率和使用条件。当水流穿过筛网过滤器的滤网时，大于滤网孔径的杂质将被拦截下来，随着滤网上附着的杂质不断增多，滤网前后的压差越来越大，如压差过大，网孔受压扩张将使一些杂质"挤"过滤网进入灌溉系统，甚至致使滤网破裂。因此，当压差达到一定值就要冲洗滤网或者采用定时冲洗滤网的办法，确保滤网前后压差在允许的范围内。筛网过滤器有手动和自动冲洗之分，自动冲洗筛网过滤器是利用过滤器前后压差值达到预设值时控制器将信号传给电磁阀或用定时控制器每隔一段时间启动电磁阀，完成自动冲洗过程。所有筛网过滤器均应通过设计和率定，提出一般水质条件下的最大过流量指标。

2. 叠片过滤器

叠片过滤器是由大量很薄的圆形叠片重叠起来，并锁紧形成一个圆柱形滤芯，每个圆形叠片一面分布着许多S形滤槽，另一面为大量的同心环形滤槽，水流通过滤槽时将杂质滤出，这些槽的尺寸不同，过流能力和过滤精度也不同。叠片过滤器单位滤槽表面积过流量范围为1.2~19.4升/（小时·厘米），过流量的大小受水质、水中有机物含量和允许压差等因素的影响，厂家除了给出滤槽表面积外还应给出滤槽的体积。叠片过滤器的过滤能力也以目数表示，一般在40~400目之间，不同目数的叠片制作成不同的颜色加以区分。手动冲洗叠片过滤器冲洗时，可将滤芯拆下并松开压紧螺母，用水冲洗即可。自动冲洗叠片过滤器自动冲洗时叠片必须能自动松散，否则叠片粘在一起，不易冲洗干净。

3. 砂石过滤器

砂石过滤器处理水中的有机杂质与无机杂质都非常有效，只要水中有机物含量超过10毫克/升，均应选用此种过滤器。其工作原理是未经过滤的有压水流从圆柱状过滤罐壳体上部的进水管流入罐中，均匀通过滤料汇集到罐的底部，再进入出水管，杂质被隔离在滤料层上面，即完成过滤过程：其主要作用是滤除水中的有机杂质、浮游生物以及一些细小颗粒的泥沙。砂石过滤器通常为多罐联合运行,以便用一组罐过滤后的清洁水反冲洗其他罐中的杂质,流量越大需并联运行的罐越多。由于反冲洗水流在罐中有循环流动的现象,少量细小杂质可能被带到并残留在该罐的底部,当转入正常运行时为防止杂质进入灌溉系统,应在砂石过滤器下游安装筛网或叠片过滤器、确保系统安全运行。

4.自清洗网式过滤器

水力驱动(电控)自清洗网式过滤器,即负压自吸式清洗,负压自吸式清洗过滤器就是常见的管道式自动反冲过滤器,或者叫管道式自清洗过滤器。自清洗网式过滤器的清洗原理是:原水从进水口进入,经粗滤网粗过滤后水体进入细滤网作精密过滤,在过滤过程中,细滤网内表面会拦截杂质,不断拦截的杂质污移在细滤网内阻碍水的流动,逐渐会在滤网内外会形成一个压力差别,当这压力差别达到压差开关设定的设定值时,压差开关动作,由电控箱内的PLC程序控制器输出指令,排污阀打开排污阀和水力活塞,联通排污阀的排污腔压力急剧下降,水力马达在水力作用下旋转,连接吸污器的吸嘴产生相对于系统压力的负压,由于吸嘴紧靠细滤网内壁,在吸嘴处产生强大吸力,由此吸力可以吸取附着在滤网上的杂质污秽,使滤网得到清洗。在清洗的过程中,水力马达带动吸污器旋转,而水力活塞作轴向运动,两个运动的组合,使吸嘴螺旋扫描细滤网的整个内表面。一个自清过程可保证细滤网得到全面清洗,整个清洗过程很短,时间在秒钟左右,在清洗滤网的过程中,过滤器仍继续过滤,清洗完成后排污阀关闭,活塞推动吸污器复位,一个自清洗过程完成。

(三)施肥设备与装置

施肥设备与装置作用是使易溶于水并适于根施的肥料、农药、化控药品等在施肥罐内充分溶解,然后再通过滴灌系统输送到作物根部。随水施肥是滴灌系统的一大功能。对于小型滴灌系统,当直接从专用蓄水池中取水时,可将肥料溶于蓄水池再通过水泵随灌溉水一起送入管道系统。用水池施肥方法简便,用量准确均匀,同时建池容易,易于为广大农民群众所掌握。

当直接取水于有压给水管路、水库、灌排水渠道、人畜饮水蓄水池或水井时,则需加设施肥装置。通过施肥装置将肥料或农药溶解后注入管道系统随水滴入土壤中。向管道系统注入肥料的方法有3种:压差原理法、泵注法和文丘里法。滴灌系统中常用的施肥设备有以下3种:压差式施肥罐、文丘里施肥器和注肥泵。

1.压差式施肥罐

压差式施肥罐一般并联在灌溉系统主供水管的控制阀门上。施肥前将肥料装入肥料罐并封好,关小控制阀,造成施肥罐前后有一定压差,使水流经过密封的施肥罐,就可以将肥料溶液添加到灌溉系统进行施肥。压差式施肥器施肥时压力损失较小且投资不大,应用较为普遍,其不足之处是施肥浓度无法控制、施肥均匀度低且向施肥罐装入肥料较为费事。

**2.文丘里施肥器**

文丘里施肥器利用水流流经突然缩小的过流断面流速加大而产生的负压将肥水从敞口的肥料桶中均匀吸入管道中进行施肥。文丘里施肥器具有安装使用方便、投资低廉的优点,缺点是通过流量小且灌溉水的动力损失较大,一般只用于小面积的微灌系统中。文丘里施肥器可直接串联在灌溉系统供水管道上进行施肥。为增加其系统的流量,通常将文丘里施肥器与灌溉系统主供水管的控制阀门并联安装,使用时将控制阀门关小,造成控制阀门前后有一定的压差就可以进行施肥。

**3.注肥泵**

注肥泵同文丘里施肥器相同是将开敞式肥料罐的肥料溶液注入滴灌系统中,通常使用活塞泵或隔膜泵向滴灌系统注入肥料溶液。根据驱动水泵的动力来源又可分为水力驱动和机械驱动两种。水动注肥泵直接利用灌溉系统的水动力来驱动装置中的柱塞,将肥液添加到灌溉系统中进行施肥。水动注肥泵一般并联在灌溉系统主供水管上,施肥时将主控制阀门关闭,使水流全部流过水动注肥泵,通过注肥管的吸肥管将肥料从敞开的肥液桶中吸入管道。水动注肥泵施肥工作所产生的供水压力损失很小,也能够根据灌溉水量大小调节肥水吸入量,使灌溉系统能够实现按比例施肥。水动注肥泵安装使用简单方便,已成为现代温室微灌系统中最受欢迎的一种施肥装置,但水动注肥泵技术含量高、结构复杂、投资较高,目前还没有国产成熟产品,基本依靠进口。

注肥泵的优点是:肥液浓度稳定不变,施肥质量好,效率高。对于要求实现灌溉液肥料原液、pH实时自动控制的施肥灌溉系统,压差式与吸入式都是不适宜的。而注肥泵施肥通过控制肥料原液或pH调节液的流量与灌溉水的流量之比值,即可严格控制混合比。其缺点是:需另加注入泵,造价较高。

**4.射流泵**

射流泵的运行原理是利用水流在收缩处加速并产生真空效应的现象,将肥料溶液吸入供水管。射流泵的优点是:结构简单,没有动作部件:肥料溶液存放在开敞容器中,在稳定的工作情况下稀释率不变;在规格型号上变化范围大,比其他施肥设备的费用都低等。其缺点是:抽吸过程的压力损失大,大多数类型至少损失1/3的进口压力;对压力和供水量的变化比较敏感,每种型号只有很窄的运行范围。

以上施肥装置均可进行某些可溶性农药的施用。为了保证滴灌系统正常运行并防止水源污染,必须注意以下三点:第一,注入装置一定要装设在水源与过滤器之间,以免未溶解肥料。农药或其他杂质进入滴灌系统,造成堵塞:第二,施肥、施药后必须用清水把残留在系统内的肥液或农药冲洗干净,以防止设备被腐蚀;第三,水源与注入装置之间一定要安装逆止阀,以防肥液或农药进入水源,造成污染。

### (四)灌溉首部的附属的电气设备

灌溉首部的附属电力设备和控制保护设备有电力设备控制柜,滴灌首部量测控制保护装置。

#### 1.电力控制设备

为便于滴灌系统中水泵,电器设备、配电设备安全启闭、正常运行,需配套电力设备控制设备。滴灌首部常见电力设备控制设备:普通启动柜、软启动柜及变频控制柜。

#### 2.灌溉首部量测控制保护装置

为了保证灌溉系统的正常运行,必须根据需要,在系统中的某些部位安装阀门、流量计、压力表、流量表、逆止阀、闸阀、安全阀等。

## 二、水泵机组安装

一个完整的灌溉系统,不仅要为水泵配合适的动力机和相应的传动装置,还要配合理的管路和必要的附件,才能完成灌溉工作。

### (一)水泵管路与附件

想正确安装水泵机组,就必须先弄清楚水泵的管路与附件的知识。

#### 1.进水管与出水管

水管用于输水,一般包括吸水管(又叫进水管)和压水管(又叫出水管)两部分。按制造材料不同,常用的水管有塑料管、铸铁管、钢管、钢筋混凝土管和石棉水泥管等。对于大中型固定式水泵,多采用钢管、铸铁管。钢筋混凝土管和石棉水泥管等寿命长的水管。对于临时安装和移动作业的小型水泵,进出水管多采用塑料、橡胶等轻便的水管。在选择进出水管时,要在保证强度结实的前提下,以经济、安装方便为原则,择优选取。

(1)塑料管。用于灌溉系统的塑料管道主要有三种:聚乙烯管、聚氯乙烯管和聚丙烯管。塑料管道具有抗腐蚀。柔韧性较高,能适应土壤较小的局部沉陷,内壁光滑。输水摩阻糙率小,比重小。重量轻和运输安装方便等优点,是理想的微灌用管道。目前我国已生产出内径为200毫米的较大口径聚氯乙烯管供工农业生产使用。由于塑料管因阳光照射引起老化,大部分灌溉管网系统埋入地下一定深度,也克服了老化问题,延长了使用寿命,埋入地下的塑料管使用寿命一般达20年以上。

微灌用聚氯乙烯管材一般为灰色。为保证使用质量要求,管道内外壁均应光滑平整,无气泡、裂口、波纹及凹陷,对管内径 D 为 40~400 毫米的管道的扰曲度不得超过 1%,不允许呈 S 形。

(2)铸铁管。铸铁管一般可承受 980~1 000 千帕的工作压力。优点是工作可靠,使用寿命长。缺点是输水糙率大,质脆,单位长度重量较大,每根管长较短(4~6 米),

接头多,施工量大。在长期输水后发生锈蚀作用在管壁生成铁瘤,使管道糙率增大,不仅降低管道输水能力,而且含在水中的铁絮物会堵塞灌水器,对滴头堵塞尤为严重。因此,在微灌工程中,铸铁管只能用在主过滤器以前作为骨干引水管用,严禁用于田间输配水管网系统。铸铁管的规格及连接方法请参考有关资料,此处不做详解。

(3)钢管。钢管的承压能力最高,一般可达1 400~6 000千帕,与铸铁管相比它具有管壁薄、用材省和施工方便等优点。缺点是容易产生锈蚀,这不仅缩短了它的使用寿命,而且也能产生铁絮物引起微灌系统堵塞,因此在微灌系统中一般很少使用钢管材,仅限于在主过滤器之前作高压引水管道用。

(4)钢筋混凝土管。钢筋混凝土管主要有承插式自应力钢筋混凝土管和预应力钢筋混凝土管两种。钢筋混凝土管能承受400~700千帕的工作压力。优点是可以节约大量钢材和生铁,输水时不会产生锈蚀现象,使用寿命长,可达40年左右。缺点是质脆,管壁厚,单位长度重、运输困难。在微灌工程中主要用在过滤器以前作引水管道。使用当地生产的钢筋混凝土管时,一定要弄清楚规格及承压能力并严格进行质量检查,合格者才能使用。

(5)石棉水泥管。石棉水泥管是用75%~85%的水泥与15%~12%的石棉纤维(重量比)混合后用制管机卷成的。石棉水泥管具有耐腐蚀、重量较轻。管道内壁光滑、施工安装容易等优点。缺点是抗冲击力差。石棉水泥管一般可承受600千帕以下的工作压力,在微灌系统中主要用于过滤器之前作引水管道。

2.管道连接件

管道连接件是连接管道的部件,亦称管件。管道种类及连接方式不同,连接件也不同。如铸铁管和钢管可以焊接、螺纹连接和法兰连接:铸铁管可以用承插方式连接;钢筋混凝土管和石棉水泥管可以用承插方式,套管方式及浇注方式连接:塑料管可用焊接、螺纹、套管粘接或承插等方式连接;铸铁管、钢管、钢筋混凝土管、石棉水泥管四种管道的连接方式与普通压力输水管道的连接相同。塑料管是滴灌系统的主要用管,有聚乙烯管、聚氯乙烯管和聚丙烯管等。

3.闸阀

闸阀多用在离心泵上。主要由阀盖、阀板、阀体等组成。当转动手轮时,即可通过丝杆带动阀板上升或下降,从而控制管路通道的大小,或完全切断管路。

闸阀一般装在逆止阀后面。其作用如下:

(1)用真空泵抽真空引水的水泵,在开动真空泵时关闭闸阀,可封闭压水管路,防止空气进入。

(2)离心泵启动前关闭闸阀,可降低启动负荷:停车前关闭闸阀,以使动力机在轻载下平稳停车,尽量消弱水锤影响。

(3)在工作中用以调节(减小)流量,从而达到减小功率消耗。

**4.底阀和滤网**

底阀和滤网一般装配成一体,俗称莲蓬头,装于进水管最下面。底阀的功能是:保证水泵开动前向叶轮里灌引水时不漏水;当水泵工作时,在泵内吸力作用下底阀应能自动打开;停泵时,在自身重量和管内水倒流的冲力下关闭,这样可使进水管和泵内存水,以便下次启动时不用再向泵内灌水。

底阀主要由阀体和体内的单向阀门组成。按单向阀门结构不同,常用的底阀有盘状活门和蝶形活门两种。前者多用于进水管口径在152毫米以下的水泵,后者多用于152毫米(含152毫米)以上的水泵。后者在活门下面一般设有一指状杠杆,当需要将进水管内存水放出(如转移水泵)时,可通过绳索拉动、以顶开单向阀门。底阀给进水造成很大阻力,因此对于不需灌水而能启动的水泵(如自吸泵,用抽气引水的水泵等),就小心安装底阀。

滤网为铸铁制的网筛,装于底阀下部,用以防止杂物或鱼虾等吸入水泵而发生事故。如无底阀,则应在进水管下部安装滤网。

**5.逆止阀和拍门**

逆止阀又叫止回阀,是一个单向阀门,装于水泵出水口附近。其作用是在水泵突然停车时,防止因压水管的水倒流时产生的水锤作用击坏水泵和底阀,多用在扬程较高,流量较大的离心泵上。

拍门又叫出水活门,也是一个单向阀门,与逆止阀不同的是,它安装在压水管出口,其功用主要是防止水泵停车后,上水池的水倒流入下水池。拍门一般在流量大、扬程低的水泵(如轴流泵),上应用较多。

**(二)水泵管路及附件的选用**

这里主要介绍如何确定消磁管路与附件,为安装做好准备。

1.水管直径的确定水管直径过小,损失扬程显著增加,动力消耗增多。水管直径过大,则增加了水管投资,也不经济,在一般情况下,以进水管直径比水泵进口直径大50毫米为宜,出水管直径与水泵出口直径相等,但不能小于水泵出口直径。

2.水泵附件的选择

水泵附件应根据水泵类型和流量大小,扬程高低等因素选择。底阀只用于灌引水启动的水泵,闸阀用于在工作中需要调节流量或用真空泵抽真空引水启动的水泵。逆止阀用于扬程高,流最大的离心泵。对于扬程低而流量大的轴流泵、混流泵,一般在压水管出口处安装一个拍门即可。真空表和压力表一般用在大型水泵上。

**(三)水泵的安装**

在这里我们主要以离心水泵为例说明水泵安装。

1.水泵安装位置的选择

在确定水泵安装地点时,应注意以下几点:

（1）在确保安全的情况下，水泵安装位置应尽量靠近水源和陡坡，以缩短进、出水管长度，减少不必要的弯管，减少漏气的机会和扬程损失。

（2）水泵距河面或进水池水面的垂直高度，应保证在最低枯水位时吸水扬程不超过规定值，而在洪水季节不淹没动力机。

（3）水泵安装的地方，地基要坚固、干燥，以免水泵在运行中因震动造成下陷和电动机受潮。（4）安装水泵的场地要有足够的面积，以便拆卸检修。

2.水泵的基础

（1）固定安装的基础。一般都用混凝土浇筑。混凝土按质量可采用1份水泥,2份黄沙,5份碎石拌水制成。基础的尺寸,可较水泵动力机座（或共同底座）长、宽各大10~15厘米,深度比地脚螺栓深15~20厘米。基础应高出地面5~15厘米。

进行混凝土浇筑时,可采用一次灌浆法或二次灌浆法。一次灌浆法是在浇筑基础前,预先用模框同定地脚螺栓,然后一次性把地脚螺栓浇筑在混凝土内,它的优点是缩短施工期限,提高地脚螺栓的稳固性。其缺点是对地脚螺栓位置的确定要求较高。二次灌浆法是预先留出地脚螺栓孔,等水泵和动力机装上基础,上好螺母后,再向预留孔浇灌水泥浆,使地脚螺栓同结在基础内。这种方法的优点是安装时便于调节,但二次浇灌的混凝土有时结合不好,影响地脚螺栓的稳固性。一般安装小型水泵时采用一次灌浆法,大型水泵则采用二次灌浆法。

（2）临时安装的机组。可以将水泵和动力机共同安装（也可分开安装）在硬术做的底座上,把底座埋在土内或在周围打上木桩即可。

3.安装中的注意事项

混凝土基础凝固后,即可安装水泵和动力机。安装时应该注意以下几点。

（1）有共同底座的水泵,应先安装共同底座,并注意找水平。

（2）水泵和电动机采用联轴器直接连接时,为防止机器发生震动和损坏水泵,水泵和动力机轴必须同心,检查方法:用直尺在两联轴器上下左右4个方向检查,如直尺与两联轴器都能紧贴而无间隙,则表明两轴同心。如不同心,则要在水泵或电动机底座下加适当垫片调整。

（3）水泵与电动机联轴器间应有一定间隙,以防止水泵或电动机轴出现少许轴向移动时,两联轴器相碰,影响机组工作。口径300毫米以下的水泵,间隙为2~4毫米:口径350~500毫米的水泵,间除为4~6毫米:口径600毫米以上的水泵,间腺为6~8毫米。此间欧必须左右一致,否则说明水泵轴与电动机轴不在同一直线上。

（4）采用皮带传动的水泵,动力机皮带轮与水泵皮带轮宽度中心线应在同一直线上,且两轴平行（开口或交叉传动）。检查方法,如两皮带同宽,用一细线,一头接触a点,另一头慢慢向d点靠近,如果细线同时接三点,则符合要求。另外,对开口式皮带传动,应使松边在上,紧边在下,以增大包角。

4.进水管的安装

进水管路安装不当,会造成水泵不出水,或影响水泵正常工作,应引起重视。

(1)进水管路必须牢固支承,不应压在水泵上,各接头处应严格密封,不得漏气。

(2)带有底阀的进水管,应垂直安装,如受地形限制需斜装时,与水平面的夹角应大于45°,且阀片方向应,以免因底阀不能关闭或关闭不严,影响水泵工作。

(3)弯头不能直接与水泵进口相连,而应装一段长度约为3倍直径的直管段。否则,将造成水泵进口水流紊乱,影响水泵效率。

(4)整个进水管路应平缓地向上升,任何部分不应高出水泵进口的上边缘,以防管内积聚空气,影响吸水。

(5)底阀应有一定的淹没深度,最低不能小于0.5米。底阀到池底距离,应等于或大于底阀直径(但最小不应小于0.5米)。

5.出水管路的安装

(1)出水管路上,每隔一定距离应建一个支座支承水管,以防水管滑动和使水泵承受出水管重力。

(2)为了避免功率浪费,水泵出水管的出口应尽量接近出水池水面或浸没在出水池水面以下,而不可过多地高出水池水面,以免浪费功率。

(3)当出水管采用插口连接时,小头顶端与大头内支承面之间要有3~8毫米间隙,小头与大头间的径向间隙,应以石棉水泥填塞紧实。石棉与水泥的配合比是石棉绒30%,400号以上水泥70%,水为两者合量的10%~12%。接头采用套管的水泥管,在套管与水泥管之间,也应用石棉水泥和油麻绳填塞好。

**(四)水泵使用的注意事项**

如果水泵有任何小的故障切记不能让其工作。如果水泵轴的填料完全磨损后要及时添加,如果继续使用水泵会漏气。这样带来的直接影响是电机耗能增加进而会损坏叶轮。如果水泵在使用的过程中发生强烈的震动,这时一定要停下来检查一下是什么原因,否则同样会对水泵造成损坏。

当水泵底阀漏水时,有些人会用干土填入到水泵进口管里,用水冲到底阀处,这样的做法实在不可取。因为当把干土放入进水管里水泵开始工作时,这些干土就会进入泵内,这时就会损坏水泵叶轮和轴承,这样做缩短了水泵使用寿命。当底阀漏水时一定要拿去维修,如果很严重那就需要更换新的。

水泵使用后一定要注意保养,比如说当水泵用完后要把水泵里的水放干净,最好是能把水管卸下来用清水冲洗。

水泵上的胶带也要卸下来,用水冲洗干净后在光照处晾干,不要把胶带放在阴暗潮湿的地方。水泵的胶带一定不能粘上油污,更不要在胶带上涂一些带黏性的东西。要仔细检查叶轮上是否有裂痕,叶轮固定在轴承上是否有松动,如果有出现裂缝和松动的现象要及时维修,如果水泵叶轮上面有泥土也要清理干净。

水泵和管道的接口处一定要做好密封,因为如果有杂物进入的话都会对水泵内部造成损坏。对于水泵上的轴承也是检查的重点,用完后检查轴承是否有磨损,如水泵用的时间长的话轴承里的小滚珠会碎。所以,当水泵用过后,在轴承上最好涂一层润滑油,这样可以更好地保护水泵轴承。

## 第三节　农用水泵的构造与工作原理

### 一、水泵的种类及其特点

水泵是农田排灌技术的重要设备。水泵的类型很多,与排灌系统配用的水泵主要是离心泵、混流泵和轴流泵。这三类水泵的主要工作部件是叶轮,都具有若干叶片,又统称为叶片泵。在北方地区,还广泛采用井泵、潜水泵等抽地下水来灌溉;而在南方的丘陵山区,水力资源丰富,常利用水轮泵提水灌溉。

### 二、农用水泵的结构与工作原理

1.离心泵

(1)离心泵的工作原理

离心泵是根据离心力原理设计的,启动前将泵内、进水管内灌满水(习惯称为灌引水)。当动力机带动叶轮高速旋转时,其叶轮中心的水在离心作用下甩向四周,沿箭头方向流向出水管;水甩出后,叶轮中心形成低压(即产生真空),水源的水在大气压作用下,冲开底阀沿进水管吸入叶轮内部。叶轮连续旋转,低处的水便源源不断地输送到高处或远处。

(2)离心泵的结构

离心泵的结构主要由泵体、泵盖、叶轮、泵轴、轴承、支架及填料等部件组成。现将其主要部件的构造和作用分述如下。

1)叶轮是水泵的重要工作部件,其作用是将动力机的机械能传递给水体,被抽送的水获得能量,具有了一定的流量和扬程。叶轮的形状、尺寸、材料和加工工艺对水泵性能有决定性的影响。

根据水泵使用的场合和要求,离心泵的叶轮分为封闭式、半封闭式和开敞式三种。封闭式叶轮两侧有盖板,里面有6~8个叶片,构成弯曲的流道,轮盖中部有吸入口,这种叶轮适合抽送清水。半封闭式叶轮只有后盖板和叶片,叶片数较少,叶槽较宽,这种叶轮适合抽送含杂质较多的水。开敞式叶轮只有叶片,没有轮盖,叶片较少,叶槽开敞大,这种叶轮适合抽送浆粒体和污水。只有一个叶轮的离心泵,叫单级泵;

具有若干个串联的叶轮的称为多级泵。多级泵的扬程等于同一流量下各个叶轮所产生的扬程之和。

2)离心泵的泵壳似蜗壳形,其作用是以最小的阻力损失,将从叶轮甩出的水汇集起来,借助蜗壳形过水断面由大到小的变化,将水流在蜗道内实现能量的转换。在泵壳的顶部与下部各有一个螺孔,用螺栓堵塞,分别用于充水和排水。

3)密封装置填料函设在泵轴穿过后泵盖的轴孔处,用以减小压力水流出泵外和防止空气进入泵内,起密封作用,同时还可以起到支承、冷却等作用。填料函由填料座、填料(油浸棉纱或棉绳)、水封环、压盖和填料盒组成。用螺栓改变压盖位置可调整填料松紧度,通常可在试运转时进行调整。

(3)离心泵的特点

单级离心泵的特点是扬程较高,流量较小,水泵出水口方向可以根据需要做上、下、左、右的调整。这种水泵结构简单,体积小,使用方便。

单级双吸式离心泵的泵体与泵盖内部构成双向进水流道。其特点是扬程较高,流量较单吸泵大;因为泵盖可以方便地掀开,所以检修比较方便。适合于丘陵和较大灌区使用;但是其体积较大,所以固定使用比较合适。

2.轴流泵

(1)轴流泵的结构

轴流泵的结构由进水喇叭管、叶轮、导水体、出水弯管、泵轴、橡胶轴承、填料函等组成。

泵壳、导水叶和下轴承座铸为一体,叶轮正装在导水叶的下方,在水面以下运转。泵轴在上、下两个用水润滑的橡胶轴承内旋转。

轴流泵叶轮由2~6片扭曲型叶片、轮毂、导水锥等组成。轴流泵的叶轮有固定叶片的叶轮(叶片与轮铸成一体)、半调节叶片的叶轮和全调节叶片的叶轮三种。大型泵叶轮的叶片安装角可以调整,从而可以改变水泵的工作性能。轴流泵的导水叶有6~8片,设计成流线型弯曲面,其作用是消除离开叶轮后水流的旋转运动,把动能转换成部分压力,并引导水流流向出水弯管。轴流泵的壳体呈圆形,上部为弯的水泵管,叶轮进口前设置吸入喇叭管。轴流泵是一种低扬程、大流量的水泵,适用于平原河网地区的大面积农田灌溉和排涝。

(2)轴流泵的工作原理

轴流泵是利用叶轮旋转所产生的推升力来抽水的。轴流叶轮在动力机的驱动下高速旋转,水以相反的方向流过叶轮叶片的上下表面,由于叶轮叶片的特殊形状,使得叶片下表面的水流速度高于上表面,所受到的水流压力则上表面大于下表面。根据作用力与反作用力定律,叶片对水流的压力,则是上表面大于下表面,从而把水由下向上推送。叶轮旋转,将水往上推送的同时,还使水产生旋转,引导泵内水流沿着泵轴方向流动。

3. 混流泵

混流泵是介于离心泵和轴流泵之间的一种泵型。其外观构造很像B型离心泵,叶轮形状短,叶槽比较宽阔,叶片扭曲,且多为螺旋形。

混流泵特点是扬程适中,流量较大,高效范围较宽,适合于平原河网地区和丘陵地区使用。

4. 水轮泵

水轮泵是利用水流能量来进行抽水的机械,由作为动力用的水轮机和离心泵所组成。水轮机转轮与泵叶轮同装在一根轴上,当具有一定水头的水向下流动时,冲击水轮机的转轮,从而带动水泵叶轮旋转。水轮机的转轮为四叶片螺旋桨式,叶片与轮毂铸在一起,水轮机进水口处装有导流轮,导流轮上固定着12~18片流线型导叶,用来使水流均匀平顺地进入转轮。在转轮下部有用混凝土浇筑的吸出管。水轮泵的特点是结构简单紧凑,因靠水力作用运转,无需用油耗电。只要有1米以上的水头,在流量一定的溪流跌水的地方都可以安装建设水轮泵站,适用于山区的抽水和农田排灌。经改装后还可用作加工机械的动力机。

5. 井用泵

井用泵是专门用于抽提井水的水泵。根据井水面的深浅和扬程的高低分成深井泵和浅井泵两种。井泵机组由带有滤水器的泵体部分、输水管和传动轴部分以及泵座和电动机部分组成。深井泵是一种立式、多级(叶轮一般2~20个左右)的离心泵,泵体部分浸没在井水内,动力机安装在井上,中间用泵轴相连。深井泵能从几十米到上百米的井下抽水,多用于小口径机井。深井泵的特点是结构紧凑,性能稳定,效率较高,使用方便。适用于平原井灌地区。浅井泵为单级单吸立式离心泵,其扬程一般在50米以下,常用于大口井或土井。

6. 潜水泵

潜水泵是立式电动机与水泵的组合体,工作时电动机与水泵都浸没在水中。电动机在下方,水泵在上方,水泵上面是出水管部分。在构造上,潜水泵由电动机、水泵、进水部分和密封装置等四部分组成。潜水泵密封装置包括整体式密封盒和大小橡胶密封环,分别装在电动机轴伸出端及电动机与各部件的结合处。密封盒内有上下两副动、静磨块,用弹簧压紧,起到密封作用。密封盒周围有一油室,可以冷却和润滑盒中的动、静磨块。磨块之间的密封面要求有很高的光洁度和平整度,以防止水从轴的渗出端漏进电机内。泵体部分由叶轮,上、下泵盖,导流壳,进水节等零部件组成。电动机为普通三相鼠笼式电动机。潜水泵具有结构紧凑、体积小、重量轻、安装使用方便、不怕雨淋水淹等特点。但潜水泵供电线路应具有可靠的接地措施,以保证安全。使用时严禁脱水运转;潜水深度为0.5~3米,最深不超过10米;潜水泵放置水下时,应垂直吊起;被抽的水温度不高于20℃,一般为无腐蚀性的清水,水中含沙量不应大于0.6%。

# 第四节 喷灌与微灌技术

微灌、喷灌技术是当今世界上节水效果最为明显的技术,目前已成为节水灌溉发展的主流。

## 一、喷灌技术

喷灌是将具有一定压力的水喷射到空中,形成细小的水滴,洒落到地面和植物上的一种灌水方法。

喷灌是一种先进的灌水技术。由于喷灌可以控制灌水量,所以不会出现深层渗漏和地表流失现象,灌水比较均匀,均匀度可达80%~90%。还可根据作物需水状况灵活调节喷洒水量,因而大大节省了灌溉用水,相对渠系输水的地面灌溉,可节水30%~50%,在沙质地上可节水70%以上。喷灌可以用小定额水量的勤灌来适时适量地控制灌溉,使土壤水分保持在作物正常生长的适宜的范围内,能有效地调节土壤中的水、气、热、养分和微生物状况,达到调节田间小气候、增加近地表空气层湿度的目的。在炎热季节可起到降温的作用,并能冲掉茎叶上的尘土,有利于植物的呼吸和光合作用。在寒冷的季节,喷灌可以防霜冻,增加叶面温度和地温,改善植物的生长环境。大田作物喷灌可增产20%~30%,蔬菜喷灌可增产1~2倍。喷灌的适用范围很广,几乎可适用于所有的作物,且不受地面平整度的限制。喷灌自动化、机械化程度及劳动生产率高,是渠系灌溉工效的20~30倍。另外,还可减少沟渠占地7%~13%,提高了土地的利用率。

喷灌也有一定的局限性,主要是受风力和空气湿度的影响较大,风不仅影响喷洒的均匀度,而且损失水量占灌溉水量的10%左右。因此,当风速超过3.5m/s时就应停止使用。喷灌的一次性投资较高,固定式为1.5万元/hm²,半固定式为1万元/hm²,小型移动式为0.25万元/hm²左右。另外,喷灌能耗高。喷灌机的喷灌方式有了较大的改进,主要是采用低压喷头,并向下喷洒,喷头工作压力从294~392kPa下降到196kPa,甚至更低,以降低能耗和风力的影响。可调喷射角、水滴喷洒图形的喷头已系列化,使喷灌机的应用范围得到了进一步扩大。另一明显的技术进步是将灌水量、灌水时间、行走速度等输入计算机,为控制机器的运行带来了极大的方便。

喷灌系统按其各组成部分可移动的程度,分为固定式、半固定式及移动式3类。

### 1.固定式喷灌系统

固定式喷灌系统除喷头外,所有管道在整个灌溉季节或常年都是固定的。水泵和动力机构成固定泵站,干管和支管多埋于地下,喷头装在固定竖管上。这种系统的优点是:生产率高,运行管理方便,运行成本低;可靠性高,使用寿命长;占用耕地少,节省人力,有利于自动化控制和综合利用。但喷灌设备利用率低,单位面积投资高,目前使用塑料管道的系统,单位面积造价为12000~18000元/hm²。因此,适用于灌水频繁的蔬菜和经济作物及地形复杂地区。

2.半固定式喷灌系统

半固定式喷灌系统主要设备中的动力机、水泵及干管都是固定的,支管和喷头是移动的。在干管上按射程配备有给水栓,喷灌时把装有喷头的支管接在干管给水栓上进行喷灌,喷灌完再移接到另一个给水栓上继续喷灌。这种系统由支管可以移动,减少了支管数量,从而降低了系统投资,是固定式喷灌系统投资的50%~70%。相对于移动干管式喷灌,使用这种系统劳动强度低,生产率高,是目前应用最为广泛的一种喷灌系统。但移动支管需要较多的人力,并且若管理不善,支管容易损坏。

3.移动式喷灌系统。移动式喷灌系统在田间仅布置水源,而动力装置、干管、支管和喷头都是可移动的。从结构形式上来看,主要有时针式喷灌机、平移式喷灌机、绞盘式喷灌机及移动软管式喷灌机组4种。整体而言,欧洲国家应用绞盘式喷灌机较多,美国、澳大利亚等国用时针式、平移式喷灌机较多。

## 二、微灌技术

微灌是一种精确控制水量的局部灌溉方法,它精确地根据作物的需要,用管道把水送到每一棵作物的根部,使每一棵作物都得到需要的水量。它减少了深层渗漏、地面径流和输水损失,比地面灌省水30%~50%,比喷灌省水10%~20%。微灌的工作压力比喷灌低得多,因此,其管道设备投资及能量消耗都比较低。微灌对土壤和地形的适应性特别好,几乎可以适应于任何复杂的地形,不但在黏性土壤上使用不会发生径流,在沙性土壤上使用也不会造成严重的深层渗漏。由于采用少量勤灌,可使作物根系活动层土壤湿度经常保持在最有利于作物生长的状况,有利于作物的生长和提高产量。通过微灌系统还可以施肥施药,并且便于自动控制,省事省力。微灌虽然优点突出,但不能完全取代其他灌溉方式。这是由于微灌单位面积投资高达10000~15000元/hm²;灌水器出口小,容易堵塞;湿润面积较小,有可能影响根系发展及根系附近盐分的积累,反倒影响作物生长。微灌适宜在水源缺乏或地形复杂的地方应用,也可在种植经济效益较高的宽行植物时应用。

微灌按灌水时水流出的方式可分为滴灌、微喷和涌泉灌3种形式。3种方式除灌水器差别较大外,其余部分基本相同。微灌系统由水源、首部枢纽、输配水管网及灌水器四部分组成。

## 第五节　水泵的维护技术

### 一、离心泵的使用与维修

1.水泵启动前的检查。为保证水泵工作安全可靠,启动前应检查机组各紧固处有无松动,各润滑点是否润滑良好,转动件是否灵活,有无异常响声等。

2.充水。对启动前需灌引水的离心泵,要先拧开旋气螺钉,而后再加水,直到放气孔冒水时,再转动几下泵轴,如继续冒水,说明水已经充满,拧上放气螺钉,准备启动。

3.启动。做好充水工作后,出水管路装有闸阀的,应先行关闭闸门,然后启动水泵,待达到正常转速、各仪表指示正常后,可开启闸门。启动时应注意闸门关闭时间不应超过5分钟,以免泵内发热。

4.停机。如果出水管路装有闸阀,停机前应先关闭,有真空表与压力表的机组应先关闭表的阀门,而后再停机。无闸阀仪表的机组可先降低转速,然后停机。停机后的机组如果长期不用或冬天在室外停放,应放掉泵内积水。

### 二、深井泵的常见故障分析

1.无法启动。原因可能是:电路不通、电压低或一相断路、电动机受潮、电动机转向不对、轴承过紧或传动轴变形、叶轮轴向间隙不对、泵体内有杂物卡住、泵体和轴承中有沉沙、电动机轴承损坏。

2.启动后不上水或流量突然减小。原因可能是:井水位下降或水井淤积、流道堵塞、输水管断裂或连接螺纹脱扣、传动轴断裂、叶轮松脱或磨损、井泵转速不足。

3.水泵发生剧烈振动。原因可能是:叶轮和泵体摩擦、传动轴弯曲或不同心、轴承严重磨损或脱落、传动装置安装错误。

4.电动机功率增大。原因可能是:井水含沙量大、电动机或传动轴上轴承损坏、输水管倒扣损坏或法兰盘连接螺丝松动。

5.泵座填料函发热或漏水过多。原因可能是:填料过紧、填料过少填料磨损或变质。

6.电动机及轴承过热。原因可能是:润滑油不合格、上传动轴安装不良、潜水泵扬程安装过低。

7.止逆装置失灵。原因可能是:止逆圆柱销沾上油垢、停机时不能迅速自动下落、坡形止逆槽磨损。

### 三、潜水泵的使用与维修

1.使用前检查。在使用前,必须对线路作一次全面检查。检查电压是否正常,线路连接是否完好、正确;检查开关的保护装置是否正常,严禁无保护运行。

2.运行注意事项

运行过程中,如果出水量显著减少,电动机突然停转或出现不正常的响声,需提泵检查时,必须先切断电源,然后提泵,以保证安全。如果接地不良,发现机组或电路有漏电现象,应迅速切断电源停止使用,进行检查修理。潜水泵不能抽取含沙量大的水。在运行中,当井水含沙量明显增多时,应停止抽水。潜水泵的开和停不宜过于频繁。一般启动时间应间隔5分钟以上。潜水泵运行时,如果发现机组剧烈振动、出现噪音、保险丝熔断、管路损坏等情况,应立即停机,排除故障。潜水泵应在接近额定扬程的情况下工作。扬程低、流量大的潜水泵,必须控制在额定扬程附近工作。如果扬程低于额定扬程过多,流量加大,会形成较大的上窜力,导致叶轮磨损加快。

3.潜水泵的养护

在一般情况下潜水泵每半年或运行1500小时进行一次小检查;每年或运行2500小时进行一次大检查。检查时将泵从井中吊出,放出电动机内部的水,拆开泵和电动机,对所有部件进行清洗、除垢、去锈;检查易损部件,磨损严重者应更换。装配时各接合面和紧固件应涂润滑脂,以防锈死,影响下次拆卸。

# 第六节　膜下滴灌机械铺膜播种简介

### 一、膜下滴灌机械分类

1.按播种方式分类

可分为膜上播种机和膜下播种机。

膜上播种是先覆膜,然后用鸭嘴器在膜上打孔播种。这种作业方式可以一次完成作业全过程,不用或很少用人工放膜。但需要注意的是播种孔要盖实,防止跑墒。

膜下播种是先播种后覆膜。这种方式覆膜质量高,保墒效果好,出苗整齐。但需要及时放苗,不然会发生烫苗。新疆大部分地区选用膜上播种方式。

2.按播种精度分类

可分为精量播种机和少量播种机。

精量播种机是指仓转式取种器每次只取一粒种子的播种机。

少量播种机是指仓转式取种器每次取二粒种子的播种机。

## 二、主要工作部件的组成及调整

### (一)播种及施肥装置的组成及安装调整

1. 组成

(1)排种装置:由种子箱、排种器、传动机构组成。

(2)施肥装置:由肥箱,排肥器。输肥管、开沟排肥铧、传动机构组成。

(3)覆土装置:由镇压轮,覆土板组成。

2. 安装

(1)安装时用螺栓将肥箱固定在机架上,用链条将主、被动链轮连接,然后转动地轮,以轻便、灵活、平稳,不掉链为宜。

(2)安装开沟排肥铧时,要注意与排种鸭嘴的横向距离为6厘米。一次性施肥器铧在两行中间或距种子行8~10厘米。

3. 调整

(1)播种行距的调整:左右移动排种器总成在横梁上的相对位置。

(2)播种株距的调整:改变不同孔数的取种器和鸭嘴式排种盘。

(3)亩施肥量及施肥深度的调整。

### (二)覆膜装置组成及调整

1. 组成

由开沟器、覆土铧、挂膜轮、压膜轮,挡土板、镇压轮组成。

2. 安装

安装时要注意纵向一定要对中;开沟铧、压膜轮要在一条直线上。

3. 调整

开沟器、挂膜轮、压膜轮、覆土铧、挡土板、镇压轮的位置均可以进行左右、上下调整。覆土铧的铲土量也可以进行调整。

### (三)水带铺设装置的组成及调整

(1)组成:由水带安装架、导向装置、压沟滚轮组成。

(2)调整:将水带圈悬挂在支架上,通过导向装置把水带铺在地膜前面。

## 三、膜下滴灌播种机的作业步骤及作业注意事项

1. 作业步骤

(1)在各分部装置调整结束后,在机具下地前要重点检查播种机风扇皮带张紧度、链条松紧度;同时检查输种管及各部连接件是否牢固;地轮转动是否正常;安全防护装置是否安装齐全、牢固;如发现异常及时进行紧固调整。并对润滑部位加注润

滑油。

（2）将播种机与拖拉机进行三点式悬挂连接,使机具中心对正拖拉机中心。挂接后通过调整中央拉杆和左右吊杆使机具前后左右保持水平,锁紧拖拉机限位链,试运行后方可进行播种作业。

（3）将挂接好的机具开到作业地头,停车后,进行装、装肥、装膜、装水带等操作。

（4）装完后进地停车,将水带端头引入导向装置,根据地头出水栓的位置留好余头。在地头固定;从膜卷上抽出地膜端头绕过覆膜辊等工作装置,膜两侧边压在压膜轮下,膜端头用土封埋好,放下液压装置开始作业。

（5）机具入地后,驾驶员在第一遭开始时前要选好前面地头的参照物,准备作业。

（6）作业开始时,作业速度要平稳,保持直线行驶,跟机人员注意观察后面机具的工作情况和作业质量,发现问题要及时停车进行检查调整,以防止出现断垄、缺苗现象。

2.作业注意事项

（1）机具必须由有经验的驾驶员进行操作。

（2）机具运行中不准进行部位检查,避免发生事故或损坏机具。

（3）机具没有升起时不准倒退或急转弯。

（4）工作部件粘土或缠草时,必须停车清理。

（5）在地头转弯时,应检查种子箱。当种子箱的种子少于其容积1/5时,应及时补充种子。

（6）气吸式精量播种机作业时,要保持慢速（慢二挡）中大油门工作,以使风机高速运转（5500转/分钟）,保证三角皮带张紧度,以免在旋转过程中打滑。确保产生足够的负压吸附种子。

（7）拖拉机行走速度要保持平稳。

### 四、膜下滴灌播种机的保养与维护

1.每班结束前检查各工作部位有无变形或损坏。

2.每班作业前检查各紧固件的连接情况,如有松动及时紧固。

3.每工作8小时,往轴承链条等传动部位加注润滑油、脂一次。

4.定期（100小时）清洗轴承,加注润滑油脂、更换轴承时应调整轴承座的位置和高度,确保间陈正常,转动灵活

5.每工作3~5个班次,应打开机器检查。调整播种机风扇皮带张紧度;清除负压室及吸气盘吸气孔杂物。

6.机具长时间搁置时应彻底清除机具内外杂物,并进行涂油防锈处理。

7.季度工作结束后,及时检查机具的磨损,变形、损坏情况,及时维修。更换配件

或及早订购配件。

8.检查轴承、轴承套间隙,及时调整。

9.机具存放时应防止日晒、雨淋。最好放置在有篷盖的库房内。

## 五、安全要求

1.远距离转移作业现场时,应将液压悬挂装置锁定,行进速度不应超过每小时5千米。播种机应缓慢放下,避免速度过快损坏播种机。

2.作业前应对操作人员进行相应的人员培训。

3.播种拌有农药的种子时,操作人员应戴口罩和手套。剩余种子要妥善保管,以防人员中毒。

4.作业中禁止在不允许站人处坐人或站人。

5.在田间转移和道路运输时,播种机上禁止坐人或站人。

6.作业时,操作人员不准穿宽大衣服,妇女的发应盘好包好。

7.拖拉机不应有漏电、漏油现象,不应该用明火照明或排除故障,添加油料时严禁烟火。

# 第八章　新时期我国农业经济创新发展的形势分析

农业是我国的支柱性产业,国家高度重视农业的发展,农村科技创新发展是必不可少的一段过程,因此本章主要从科技创新在农业农村中的发展出发,系统讲解我国农业科技创新发展的形势。

## 第一节　农业农村发展面临的新形势

农业是我国的支柱性产业,国家历次大的改革都关系到农业和农村。在国家各级政府的高度重视和各类优惠政策的大力扶持下,我国的农业农村发展取得显著成效。粮食生产取得"九连增"的佳绩,农民收入增速超过城镇居民,新农村建设极大地改善了农村生活质量。然而,在农业农村快速发展的同时,"三农"问题仍是国家需要重点突破的瓶颈。实现全面小康,必须从经济结构调整、城乡统筹发展、乡村环境改善、适应全球经济等方面加大力度,从根本上解决农业农村的落后局面。

### 一、经济结构战略调整要求

结构调整是经济发展的内涵和动力,随着我国经济社会的发展,农业农村步入一个新的历史发展阶段。在发展的转型期,调整经济结构、转变发展方式,是激发农业农村发展活力的一项重要任务。通过对农业农村经济结构的优化、升级、合理三位一体的战略调整,使农业农村经济获得一个较长时期保持高速发展的动力和空间。农业农村经济结构调整是一项战略性的系统工程,其目标是:协调农产品的供需关系,促进农业的持续发展;推动农村产业结构优化升级,稳定增加农民收入;实现区域经济结构合理布局,缩小区域间的经济差距。

#### 1.农业产业结构优化

农业产业是一个包含农、林、牧、副、渔业的综合性产业,它们有相对的独立性,又相互制约,只有调整好各自在综合体系中的比例和发展水平,才能体现现代农业产业的多功能性,才能各业俱兴、持续发展。调整农业产业结构,就是要围绕我国农业资源禀赋,优化各产业的配比关系,实现生产的集约化,达到效应的最大化,进而完成保供应、保稳定的基本目标。优化农业产业结构，一是要实现规模经济。通过强化土地流转，发展合作经营组织，改变我国小农经济形式，在粮食等事关国家安全的产品上采取集约化、机械化、自动化的生产方式，走农场化的经营模式，扩大生产经营规模，提高生产效益。二是要实现范围经济。以满足市场需求为前提，逐渐淘汰与市场需求不相适应的劣质粮食品种，在保障粮食生产面积的同时，发展优势、适销对路的经济作物，逐步提高经济作物在种植业结构中的比重，扩大生产经营范围，开拓多元化的经济来源。三是要实现协同经济。通过继续强化退耕还林、荒地治理，运用科技手段提高生产能力，充分利用现有资源条件，因地制宜地发展林牧副渔业，促进种植业与林业、牧业、副业和渔业的协同发展，为市场提供多样化的产品供应，多渠道提高农民收入。

2.农村产业结构升级

产业结构是指国民经济各个产业部门和产业内部各部门之间的对比关系和结合状况。合理的产业结构意味着各个产业部门与社会需求基本平衡，能够使人力、物力、财力等资源的利用效用最大化，推动国民经济持续协调发展。我国传统的农村产业是以第一产业为主的一一种经济结构。实践证明，这种单一的经济结构不能满足农村经济整体发展的需要，也不能打破农村经济社会落后的现实情况。因此，农村产业结构升级是实现我国全面建成小康社会发展目标的必然选择。根据我国经济的实际和产业结构发展变化的客观趋势，农村产业结构升级的方向是着力加强第一产业，调整和提高第二产业，积极发展第三产业。具体讲，首先要继续强化农业生产，通过科技创新确保各类农产品的基本供给。其次要提高农村的企业化生产能力，因地制宜推动乡镇企业的发展；同时，大力发展农产品加工业，延长农业产业链条，通过加工升值创造经济效益。第三要开拓农村服务业经营领域，充分利用农业的多功能性，发展乡村旅游、农村文化等新兴产业。通过农村产业结构升级，建立农村多种经营形式并存、多种产业互通的经济结构，进而推动我国农业农村现代化的发展。

3.区域经济结构合理化

由于历史传统、自然条件和国家政策等原因，我国东中西部地区发展差距较大，呈现出明显的非均衡发展特征。合理布局区域经济结构、实现均衡发展是经济结构战略调整的关键之处。区域之间在资源条件、要素禀赋、经济基础、市场需求结构、区位条件、外部环境等方面都会存在许多客观差异，从而在一定程度上决定一个区域经济发展的方向↓产业结构的选择。按照著名发展经济学家库兹涅茨和钱纳里的观点，在市场经济条件下，区域经济的成长必须依赖于其有别于其他地区的区域特色。也就是说必须依靠自身优势条件，培育优势产业，并依靠优势产业的扩张互补，带动整个区域的经济发展。合理布局区域经济结构，一是在国家政策上要有所倾斜。对中西部发展滞后地区，国家从政策扶持层面给予重点关注。对农业主产地区，要投入更多的资金,并鼓励发达地区主动带动欠发达地区的发展,从多方面推动全国不同区域的经济建设,实现全国一盘棋的均衡发展。二是在产业布局上要科学设计。根据不同地区资源特色和比较优势条件,打破行政区域界限,从国家顶层设计上进行科学规划,大力发展和建设优势农产品产业带,将具有同一优势的区域连接起来,形成规模效应,实现统一发展。

## 二、城乡统筹协调发展要求

长期以来我国经济社会发展形成了严重的二元结构,城乡分割、城乡差距不断扩大,这是全面建成小康社会的主要障碍。

### 1.推进农民职业化

固封千年的"小农"思想,以及长期二元结构导致的"农民身份",已完全不适应当今现代农业的发展。随着社会经济的不断进步,如今的农业已由单纯的第一产业逐渐向第二、第三产业过渡;如今的农村已不再是一个封闭的社会,两亿农民进城务工,使城乡结合愈加紧密。在这种新形势下,实现城乡统筹发展,走职业化发展道路是一个必然的选择。走职业化发展道路,首先需要转变的就是人们对传统农业和农村的认识。在现代经济社会里,农民不再是一个身份的象征,而应代表一项职业,表示所从事工作的性质和类型,应赋予一个职业化的内涵。职业农民不只是一个体力劳动者,而是一个集知识、技能、经验于一身的农业生产者,这一点要在全社会形成一个新的共识。其次要打破户籍制度的约束。城市户口和农村户口的划分,导致进城务工农民长年背负着"农民工"的头衔,他们生活在城市,工作在城市,却享受不到城市居民的待遇,并且被自动划入一个社会最低端的阶层,这对社会的和谐发展产生极为不利的影响。因此,要打破城乡户籍界限,使进城务工的农民完成职业和身份的转换,将其按照工作性质的不同,给予相应的职业定位,并让他们享受到该职业应得的礼遇。

### 2.推进农业现代化

城乡统筹发展矛盾的主要方面是"三农"问题,解决"三农"问题的根本出路是农业现代化,没有农业现代化我国就不可能建设成为真正的现代化国家。农业现代化的核心内容是农业产业化、专业化、社会化。实现农业现代化,就必须要大力发展农业科技。科技是第一生产力,农业科技的创新是推动农业现代化发展的根本之源,科技创新可以促进农业产业结构的优化,提高农产品的品质与数量,增强农业产业的比较优势。实现农业现代化,也需要推动规模化生产模式。我国农村一家一户的小生产是实现农业产业化发展的一大制约因素,规模出效益,这是产业化的一个基本标准。要形成规模化的发展,首要解决的就是农村土地问题。加快农村土地有偿流转制度的落实,将分散的土地集中在农业生产能人手中,按照统一生产标准、统一生产模式,产生农业生产规模效应。实现农业现代化,还需要发展新型合作组织。专业化是农业现代化的一大标准,若实现专业化必须具备专业化的组织。实践证明,通过农业专业合作社组织生产经营活动,是形成专业化最为有效的一种方式。在新形势下,发展新型合作组织,提高专业合作社的组织化程度,按照市场规律走企业化发展道路,是推动我国农业向现代化方向迈进的必由之路。

3.推进城乡一体化

城乡统筹必须扭转先城市后农村的发展思路,而是把城市和农村的经济社会发展作为一个整体"统筹谋划、综合研究",实现城乡全面、协调、可持续发展。统筹城乡发展,关键在于以一体化的战略思维、一体化的战略手段,全面渗透,务实推进。首先要城乡规划一体化。城乡规划是城乡统筹的前提。要树立全局眼光,把城市建设、小城镇建设与新农村建设统一起来进行科学规划。规划要具有系统性、均衡性、可操作性。其次要设施建设一体化。公共设施建设是城乡共同发展的基础。要围绕涉及民生的各项要求,构建城乡一体的基础设施网络,提高城乡基础设施建设的配套能力,发挥基础设施建设对城乡一体化发展的支撑和引领作用,从而改变农村基础设施建设相对滞后的状况。第三要产业发展一体化。产业发展是城乡一体化的重要纽带。加快产业发展,要在农村服务城市、工业反哺农业上做文章,进一步优化经济结构,促进第一、第二及第三产业融合对接、一体发展。第四要社会事业一体化。市民和农民都有平等的生活权、享受权。为此,要加快建立以科技、教育、文化、卫生、体育等社会事业的公共服务体系和以医疗保险为内容的社会保障体系,推动城乡社会事业共同进步,让农民与市民共享改革发展的成果。第五要资源配置一体化。资源的有效配置是城乡统筹的重要手段。要引导土地、资本、劳动力、技术、人才、信息等资源在城乡之间合理流动,创造城乡各类经济主体平等使用生产要素的环境,以促进城乡的经济建设同步发展。第六要生态建设一体化。生态建设是城乡统筹的重要内容也是连接城乡的重要桥梁。城市要延伸农村的生态链条,农村在借鉴城市的环境保护。城乡只有共同搞好生态建设,才能取得利益的最大化,走上经济、社会、生态良性发展的轨道。

## 三、农村生态环境保护要求

世界金融危机后,国际经济发展的主题转向"低碳经济、绿色经济、节能减排、降低污染"。我国积极响应世界经济发展的方向,提倡发展人与自然和谐相处的和谐社会。十八大明确提出了要建设天蓝、地绿、山青、水净的美丽中国的宏伟目标,进一步加强农村生态环境保护是建设美丽中国的一项重要内容。当前,农村环境污染和生态破坏日趋严重,极大地冲击了作为弱势产业的农业和弱势群体的农民,并逐渐以隐蔽或公开的方式瓦解着中国农业的基础条件。面对这一严峻形势,必须通过农村环境政策体系创新、农村环境控制手段创新、农村环境治理技术创新从根本上解决农村生态环境的保护问题,以适应经济社会发展的要求。

**1.完善农村环境政策体系**

现有的环境政策是在工业和城市污染防治的基础上建立的。由于农村与城市的环境特点不同,环境问题的致因不同,现行的环境政策在农村的作用具有相当的局限性。因此,必须与时俱进,对现有环境政策体系进行创新与完善。一是建立生态环境补偿机制,完善相关法律政策。生态环境补偿机制是指运用经济和法律双重手段,对于损害生态环境的行为收取一定的费用,而对于保护环境者和受害者给予一定的补偿,从而达到保护环境和维护生态平衡的目的。生态环境补偿机制的建立,不仅要纳入国家发展战略,同时也要列入国家相关法律法规的条文当中。通过对现有的《环境保护法》《水污染防治法》等相关法律的完善,将农村生态环境的保护作为专项列出,并将破坏农村生态环境的补偿办法予以明确,从法律的角度提高农村生态环境的保护力度。二是建立引导性环境政策体系,提高居民环境保护意识。一直以来我国关于生态环境保护的宣传教育在农村地区比较薄弱,而农村的生产生活单位越来越细化,对大量分散的生产行为进行环境监督已不切实际。因此,政府的管制性环境政策向引导性环境政策的转变是农村环境保护的必由之路。要通过宣传教育提高农民的环境保护意识,运用经济手段引导农民自觉采取有利于环境的行为。加强对绿色农业的宣传,引导市场消费需求,一方面促进农民自觉采用有利于环境的生产方式,另一方面引导消费者对农产品的质量进行监督。

**2.控制乡村企业污染排放**

乡村企业的迅猛发展,虽然有效地带动了农村经济社会的进步,但由于产业结构不合理,生产工艺、技术落后,监督机制不完善等原因,在很大程度上破坏了农村的生态环境。因此,在促进农村经济新一轮增长、建设幸福家园的过程中,必须按照"预防为主,防治结合"的原则,多途径推进乡村企业的污染防治。一是要严格执行建设项目的环境准入制度。建立环境影响评价体系,严把项目审批关,禁止高耗能、重污染、不符合国家产业政策的项目上马,从源头上杜绝污染向农村转移。二是要加强乡村企业的环境综合整治规划。根据乡村企业的特点进行科学合理布局,将有污染排放的企业相对集中,控制企业污染排放,提高污染治理力度。三是要加强对环境污染的执法力度。严肃执行国家法律,坚决依法打击乡村企业的违法行为,坚决取缔、关停"15小"企业。四是要因地制宜发展乡村循环经济。根据当地资源禀赋、环境容量,大力调整乡村产业结构,引导乡村企业进行技术革新,提高企业内部物质循环利用,建立企业间的物质循环链,发展行业之间的循环经济链,最大限度地减少乡村企业能源和原材料的投入,延长乡村生态系统中的"能源"循环周期,实现物质和能量多层利用和良性循环。

### 3.创新农村环境治理技术

农村生态环境的污染问题,不单单是城市排污、企业排污的问题,还有农村居民生活排污、农业生产等造成的农业生态环境污染问题。农业生态环境污染来源广、成分复杂、治理难度大。人类各种生活、生产过程中产生的污染物通过各种渠道进入大气、农业水体和土壤。尤其在农业生产过程中,化肥、农药、农膜、饲料添加剂的不合理使用和废弃物的不合理处置导致农业生境遭受严重污染,对农产品安全、人体健康乃至农业和农村可持续发展均构成一定威胁。治理农村生态环境,一方面需要通过加强农村基础设施建设,改善农村居民生活条件,引导农民养成良好的生活习惯,减少农村居民生活废弃物的乱排现状;另一方面需要通过加快农业生产结构调整,发展绿色农业,将粗放的传统生产方式向集约化、精细化生产方式转变,减少化肥、农药等易产生污染物的生产资料的使用量。而针对当前的现实需要,更重要的一点是通过创新环境治理技术,提高农业生产、农业废弃物利用等科技水平,有效降低农业生态环境污染。通过创新农业生物防治技术,减少农药、农膜的使用量;通过创新生物肥料技术,降低化肥用量;通过创新秸秆、畜禽排泄物等综合利用技术,形成农业生产废弃物处理与资源利用的良性循环。

## 四、经济全球化适应性要求

所谓经济全球化是指商品、服务、生产要素等跨国界流动的规模与形式不断增加,通过深化国际分工,在世界范围内提高生产经营资源的配置效率,从而使各国经济相互依赖程度日益增强的经济发展趋势。市场的开放,为我国农业带来了广阔的发展空间以及现代农业的先进管理技术和经验,为我国农产品进入国际市场提供了机遇。但与此同时,也带来了更为严酷的市场竞争,使得我国在农业发展和农产品对外贸易中存在的问题更加凸显。面对经济全球化发展的客观趋势,我国应以积极参与、合作的态度,通过完善农业政策、调整贸易策略、发展绿色农业等措施来增强我国农业综合实力,以适应经济全球化的要求,从而推动我国农业现代化的发展。

### 1.完善农业政策,提高农产品竞争力

适应农产品国际贸易自由化的趋势,国内农业政策需要做出相应的调整。其核心就是依据我国农业的比较优势,推动农业结构的改革,提高我国农业整体效益,以使我国农业走上良性发展轨道。现实情况表明,我国土地密集型农产品的市场竞争已处于明显劣势。为此有必要调整传统的农业发展目标,在保障基本供应安全的前提下,实现由追求产量的增长向追求质量和效益提高的转变,由粗放的资源密集型产品向精细的技术创新型产品转变。根据各地农业资源的禀赋条件和农产品市场的变化,不断优化和调整农产品品种、品质结构,重视发展农产品加工业和运销业,拉长农业产业链条,实现多层次增值。总体而言,在经济全球化背景下,我国农业要以国内、

国际市场为导向,以科技进步和宏观调控为手段,以提高质量和协调发展为目的,在坚持基本农产品总量稳步增长的基础上,通过结构的调整和优化,增强我国农产品的国际竞争能力。

2.调整贸易策略,增强农业保护能力

市场的开放,尤其加入WTO以来,我国农产品贸易总体上发展比较顺利,农产品进出口有了较大幅度增长。在国际国内两个市场的联动下,我国农产品一方面拓展了发展空间,另一方面也遇到了前所未有的挑战。最为突出的就是加入WTO以后,我国的大豆产业遭受了强烈冲击,由净出口国转换为单纯的进口国,国内大豆生产不断萎缩,油脂加工业被国外企业垄断。因此,随着经济全球化进程的不断加快,我国的农业贸易策略也应随之进行调整,以增强我国农业的保护能力。一是采用关税上限约束办法,控制国外农产品进口。我国以往是通过配额、许可证等非关税措施对各种农产品进口实行调控,但WTO的农业协议不允许使用非关税措施,而且关税化政策对我国也不一定有利。所以,最可行的办法是和缔约方谈判,采取上限约束的办法自主提出约束关税,在一定期限内有效控制国外农产品对我国市场的冲击。二是要有效利用农业协议争端解决机制及我国的反补贴、反倾销法,使我国既能进口少量受补贴的国外低价重要农产品,又能防止有补贴的农产品过度进入而冲击国内生产。三是利用WTO的相关规定,加强进出口农产品的检疫工作,保护国内市场,促进农产品对外贸易。

3.发展绿色农业,打破国际绿色壁垒

目前,绿色壁垒已成为发达国家用来实施农产品贸易保护、阻碍发展中国家农产品大量进入的重要而又合法的手段之一。我国如果不重视发展绿色农业,打破绿色壁垒的制约,即使有巨大的国际市场空间,我国农产品的发展也会受到限制。因此,在经济全球化大趋势下,发展绿色农业势在必行。发展绿色农业,其根本在于保护农业环境,实施农业可持续发展战略。其基本要求是要强化对农村的环境保护意识,并配备高素质的环保专业人才,制定和完善农业环境管理技术标准及检测信息系统,为农业环境管理提供科学有效的依据,并且严格实施国家有关环境保护的法律、法规。积极加强国际合作,结合我国的实际情况,通过借鉴发达国家有效的农业环境管理制度,引进先进的环保技术,参与国际标准相互认证,与各国签订协议,使我国农产品取得进入国际市场的绿色通行证。

## 第二节　科技创新在农业农村发展中的战略地位

科技创新在推动农业农村发展中起着重要的支撑作用。直至改革开放,我国农业发展以确保粮食安全为主要目标,政府工作重点是保证粮棉油和"菜篮子"的生产和供应,实现主要农产品供给由长期短缺变成总量大体平衡、丰年有余的总体目标。农业科技创新主要着眼于农业产业与科技本身,为实现现代农业提供支撑,这一阶段的农业科技创新使得我国粮食安全得到基本保障。随着我国城乡二元结构两极分化、社会贫富差距日益扩大、生态环境严重恶化以及经济快速全球化的趋势,我国农业科技创新从注重农业自身产业现代化的单一眼光逐渐转向从整体社会结构、产业结构、国内外关系及可持续发展出发的长远和整体视角,农业科技发展与农业科技创新的战略地位和战略目标逐渐多元化。科技创新被赋予保障国家食物安全、优化农业和农村经济结构、提高农业效益、增加农民收入、改善农村生态环境、提高我国农业国际竞争力等的多元化战略地位。而在科技进步和科技创新的支撑下,我国农业发展持续向好,农民收入稳步提高,农村面貌发生巨大变化,统筹城乡发展迈出实质步伐。

一号文件将农业科技创新摆在了更加突出的核心位置,再次强调要不断加大农业科技投入,提升农业科技推广服务能力,改革农业科技创新体制。站在"九连增""九连快"的高基点和新起点上,我国"三农"发展进入又一个黄金期,但也面临着严峻的现实挑战,如农业现代化的滞后、资源环境的硬性约束和需求的刚性增长,以及食物安全、生态安全、城乡居民收入差距过大等。抓住难得的战略机遇,推动传统农业向现代农业的加速转变,实现农村经济的稳步发展,必须更加依靠农业科技创新的支撑。现阶段农业科技创新对农业农村发展的战略支撑地位主要体现在以下方面:

## 一、确保农产品有效供给,保障食品安全

确保主要农产品的基本供给始终是我国发展现代农业的首要目标,也是我国农业科技创新的首要指向。我国粮食生产虽然已经取得"九连增"的巨大成绩,但农业基础设施差,抗风险能力弱、比较效益偏低等问题依然存在。未来随着国民经济社会的不断发展和工业化、城镇化、市场化和国际化进程的加快,国内农产品需求持续刚性增长,城乡居民对粮食、果蔬、畜禽、水产品等主要农产品的需求将会持续增加,我国人多、地少、水缺的趋势不可逆转,中国粮食安全面临更加严峻的形势。解决粮食等主要农产品总供需矛盾,确保粮食安全,必须最终依靠科技创新,充分挖掘品种潜力,尽快突破农业生产中的重大技术瓶颈,大幅度提高农业土地生产率,从根本上提高农业综合生产能力,保障主要农产品的有效供给,保障国家食物安全。

除了食物数量安全,科技创新还是我国食品安全的必要保障。目前我国食品安全的保障问题越来越凸显,一方面,我国农业和工业化快速发展,目前每年有20多万吨、1000多种化肥、农药、兽药、生长调节剂等施用于农业动植物,特别是使用违禁药物、过量用药和不遵守用药安全期规定,频频造成食品源头污染并引发食源性危害;另一方面由于食品产业集中度和现代化程度偏低,食品安全薄弱环节多,难以有效保

障食品质量安全。加之制售假劣食品的违法行为屡禁不止,"添加泛滥"和人为污染普遍存在。食品安全总体上仍处于矛盾凸显期和风险高发期,与人民群众日益增长的健康需求不相适应。必须依靠科学进步与创新,加大对食品安全关键检测、监测和控制技术的攻关力度,加快构建符合我国国情的食品安全科技支撑体系,突破食品安全风险的科技瓶颈。

### 二、突破资源环境约束,支撑可持续发展

农业资源和生态环境是农业生产的基本条件,依靠科技创新,科学的开发、利用和保护是我国农业可持续发展的重要保证。我国人口多、资源少,为保障农产品供给,已有的农业科技更多地考虑了农业产量和效益,对农业生态的保护重视不够,致使我国农业发展在面临耕地和水资源严重短缺的同时,还存在资源综合利用水平不高,农业面源污染不断加剧,污染物无害化处理能力低等问题,再加上气候变化对农业生产的负面影响不断加剧,资源环境对农业发展的约束日益加重。

全国耕地面积从 19.45 亿亩减少到 18.26 亿亩,已逼近 18 亿亩的耕地红线。除了面积减少,还存在大面积土地质量退化问题,主要是水土流失、土地沙漠化、盐碱化、潜育化以及土地污染等日益严重。特别是随着工业发展、乡镇企业和集约化农业增加,大量的工业污染和农业污染在土壤中不断积累,已经超过了土壤自净能力。据国土资源部的统计,目前全国耕种土地面积的 10% 以上(约有 1.5 亿亩)已受重金属污染。此外,污水灌溉污染耕地 3250 万亩,固体废弃物堆存占地和毁田 200 万亩,其中多数集中在经济较发达地区。我国人均占有水资源量仅为世界平均水平的 1/4,水资源短缺且分布不均,每年农业生产缺水 300 亿立方米,因干旱缺水每年粮食损失约 200 亿千克。由于农业灌溉技术落后且管理不善,我国农业灌溉水有效利用率仅为 40%~50%,不仅浪费了大量水资源,而且降低了土壤肥力,加剧了土壤盐渍化。在生物资源方面,由于我国对生物多样性资源保护不足,生物遗传资源减少、流失越来越严重。我国在畜禽品种方面,已经有 50 个品种数量锐减,14 个品种濒临灭绝,15 个品种灭绝;在野生动物方面,已经有 2.5 万个物种面临灭绝威胁。

从当前和未来发展看,耕地淡水资源的刚性约束会进一步加剧,生态环境保护的压力越来越大,依靠大量消耗资源的传统生产方式推进农业发展已经难以为继。突破资源环境约束实现农业可持续发展的关键是大力推进农业科技创新,大力发展节约型农业、生态农业、循环农业、低碳农业技术,加快开发清洁生产集成技术,污染土地的修复技术有所突破,建立实现"低耗、高效、持续"的农业发展模式,大幅度提高资源利用效率,加快转变农业发展方式,为发展资源节约型和环境友好型农业提供强有力的技术支撑,把农业生产从传统的资源依赖型真正转到依靠科技创新提高农业劳动者素质的创新驱动型轨道上来。

### 三、提升农业综合竞争力,促进产业安全

市场是配置农业资源的基础性力量,农业内部各产业之间、国内各地区农业之间、农业与国民经济其他部门之间的竞争日趋激烈。加入世贸组织后,经济全球化对国内经济的影响显著扩大,农业面临的国际市场竞争空前加剧。提高农业综合竞争力,确保农业产业安全是开放条件下统筹利用国内外两个市场、两种资源的重要任务,是我国农业产业的核心利益所在。我国农业发展取得了重大进步,但受到整体基础研究能力、工业生产水平和经营管理水平的制约,我国农业总体竞争能力仍然偏弱,农业科技创新水平和国际竞争力与发达国家相比仍有较大差距。特别是入世后,外资进入农业产业的步伐逐步加快,农产品贸易快速发展,农业对外开放的程度不断扩大,大量农产品的进口和外资进入我国农产品加工和流通领域,打压了我国农产品价格,挤占了市场空间,削弱了我国的定价权和话语权,外资对我国农业的控制增强,给宏观调控和农业产业安全带来了严峻挑战。

最为典型的是我国大豆产业。我国大豆进口量增长189%,国内大豆生产日益萎缩,国内大豆产量仅为1449万吨,大豆对外依存度达到80%,东北大豆种植面积每年以20%的幅度递减。四大国际粮商控制了我国大部分的大豆进口源和定价权,同时,这些外资企业在我国大豆加工和油脂产品市场占有较大的份额,形成了对大豆进口、加工和食用油销售等多个环节的控制。除大豆产业外,外资还向粮食、棉花、畜牧业等领域逐步渗透,且扩展到了产业链的多个环节,在客观上对我国农业产业安全造成威胁。

从农业产业链条来看,外资对我国种业的控制也日益加深。我国种子市场对外资全面开放,国外大公司凭借其先进科技、雄厚资金和丰富的国际市场运作经验迅速进入中国,已控制了我国高端蔬菜种子50%以上市场份额,并控制了部分大田作物种子市场。从长远看,种业竞争能力的丧失不仅使农民利益受到威胁,还给我国粮食安全带来巨大隐患。

农业竞争实质上是科技竞争,自主创新能力是科技竞争的核心。发展现代化大农业必须具有国际化大视野,不断增强农业科技自主创新能力,加快现代农业生物技术、信息技术等在农业领域的应用与产业化,加快农业前沿领域的原始创新,有效增加科技储备;形成完备的区域农业科技研究、开发和推广应用体系,实现育种、栽培、饲养、土壤改良、植保、畜保等农业生产全程的先进适用技术覆盖;实现农业生产、加工和销售全过程的科学化、专业化、标准化,合理高效地配置农业生产要素;加快优势农业产业的发展,大力提高农业物质装备水平,实现农业生产全程机械化,形成强大的农业综合竞争力,全面提升农产品的市场竞争能力。

### 四、协调农业农村经济结构,促进农民增收

农民增收是"三农"问题解决的核心。我国农村居民人均纯收入6977元,其中家庭经营收入占47.18%,仍是农民收入的主要来源,但家庭经营收入所占比例呈下降趋势。家庭经营纯收入的增长比例(13.74%)低于农民的工资性收入增长比例(21.90%)。在家庭经营纯收入中,牧业收入和批发、零售贸易及餐饮业收入均同比增长30%以上,农业收入和林业收入增长分别为10.05%和13.48%,渔业收入甚至同比降低4.77%,工业收入增长比例也较低,仅为12.23%。未来努力拓宽农民增收渠道,既要挖掘农业内部增收潜力,发展高效农业,支持农民参与产业化经营,推动农业向深度、广度,又要拓展农业外部增收空间,提高农民的工资性收入,增加农民转移性收入,创造条件让农民享有更多财产性收入。

实现农民持续增收的根本出路在于科技创新。在国家惠农支农政策指引下,依靠科技创新,协调农村经济结构,优化农业产业结构,改善农民收入结构,才能推动农业农民持续增收。具体包括:研发适合农民掌握的先进适用技术和装备,提高农民的科技素质,推动科技成果的应用,转变农业增长方式,降低农业生产成本,提高农产品产量、品质,提高经济效益;进行规模化、标准化、科技化、市场化、组织化、机械化的农业工程建设创新和经营管理创新,推动农业规模化、标准化和产业化,提高农业劳动生产率和经营管理水平;推进农业内部结构调整,延长农业产业链条,发展优势特色产业,发展农产品精深加工,提高农产品附加值和农业经营效益;大力发展劳动替代性技术,把大量劳动力从第一产业释放到第二、第三产业中,为充分利用农业外部增收空间创造条件,依靠科技创新推动农村经济结构调整,多渠道、多角度、多元化推动农民增收。

## 第三节　我国农业科技创新的方法需求

先进的创新方法是提升国家自主创新能力的重要武器。今天,当中国以一个发展中国家的有限实力迈向"创新型国家"的行列时,对创新方法的研究和掌握具有基础性、根本性和先导性意义。结合农业科技本身发展规律、发展需求和创新方法的作用来看,农业科技创新的实现迫切需要创新方法的推动,农业科技发展的方方面面都渗透着对创新方法的潜在需求,创新方法在农业领域的应用潜力蕴含着巨大的生产力。

### 一、农业科技创新的方法需求框架

方法创新是农业科技创新的一个有机的组成部分。农业科技创新方法的需求,

可以理解为农业科技创新主体在农业科技研发过程中,在存在需求渠道条件下,对创新方法供给方提出的旨在获得创新方法使用功能的需求。

1.方法供需基本流程

在农业科技领域实现对创新方法的需求主要体现在存在供给源和需求源,其中供给源包括供给主体和方法载体,需求源包括需求主体、需求潜力以及需求渠道等几个方面。

从供给方来看,创新方法专家和农业科技创新主体是农业科技创新方法的主要供给主体,但是不同供给主体创新方法的产生途径和创新方法提供渠道有所不同。一方面,对于目前主流的创新方法,如TRIZ、六西格玛等,创新方法专家对其进行推广改造,使其适用于农业领域,而部分农业科技创新主体也基于这些比较成熟的创新方法,进行消化吸收和再创造,进行农业领域创新方法的研制和创新;另一方面,农业科技创新主体在农业科技活动过程中不断采用各种方法来实现创新,也总结积累和提炼出了适用于不同学科、不同技术领域和不同应用层次的许多创新方法,这些方法可以认为是农业科技领域内生性创新方法。另外,其他领域的创新方法也与农业领域科技创新方法相互渗透。

从需求方来看,农业科技创新方法的应用主体即农业科技创新各主体,主要将创新方法应用于农业科技创新的各个环节,包括农业科技的基本创新和管理创新,即创新的科技研究、创新的推广应用和创新的组织管理等,其最终目标是通过创新方法的推广应用提高农业科技主体的科技创新能力,促进农业科技和农业产业的发展,提高农业综合竞争力和农业产业竞争力。

目前而言,外源性的较为成熟的科技创新方法在农业农村领域的应用较少。

大多数创新方法学专家还没有开始关注农业领域,农业科技创新主体也还未意识到主流的创新方法在农业领域应用的潜力,多是延续农业领域既有的思维模式、研究方法和研究工具进行创新,农业领域创新方法的供给渠道基本上是不畅通的,或者说还欠缺专门的供给源。在这种情况下,对创新方法的需求分析主要是对科技创新主体对主流创新方法潜在的需求和对现有农业科技创新方法进行改造和提升的需求进行分析,分析这些创新方法可能会应用于哪个层次和环节,能给不同主体的农业科技创新能带来怎样的功能与效益。

2.方法需求框架

从广义角度,农业农村领域科技创新不仅指的新的农业科技成果的创新、发明和应用,而是指将农业科技发明应用到农业经济活动中所引起的农业生产要素的重新组合,包括新品种或生产方法的研究开发、实验、推广以及生产应用等一系列前后相继、互相关联的科技发展过程,是将农业科学和技术作为生产要素,通过研发、应用和推广等创新环节,实现经济增长的目的。从价值实现角度,农业科学的知识发现、技术研发、农业科技成果的创新、发明和应用是农业科技创新的核心,可作为农业科技的基本创新,在本报告中统称为科技研发创新,而农业科技活动的组织、管理、服务等的创新,是推动基本创新实现的不可或缺的要素,可作为农业科技的辅助创新,在本报告中统称为科技管理创新。

农业科技研发创新与农业科技管理创新是相辅相成、相互促进的,科技研发创新贯穿于科技管理各项工作,而管理创新以促进科技研发创新为基本目标。科技创新会带来新的体制、思想、观念以及新的生产方式、生活方式、思维方式、行为方式,为深层次的管理模式变革起着促进和推动作用。同时,科技创新也能为管理创新提供必备的技术支撑条件,使管理创新拥有更加科学、先进的方法和手段。管理创新也必须有与科技创新相匹配的思路、方针、政策和体制、机制等。只有这样,才能在信息化、全球化、自由化的竞争市场中取得竞争优势。创新方法的应用体现了研发创新和管理创新共同的需求。

根据创新主体和创新活动的不同层次,构建了农业科技创新的方法需求框架,农业科技研发创新和管理创新密切联系、相互交织,政府部门、农业高校、农业科研机构、农技推广机构、涉农科技企业、农业经营组织等作为农业科技创新的主体参与到农业科技创新的不同活动中。农业科技创新主体、农业科技研发创新、农业科技管理创新呈三足鼎立之势,相互作用,构成了农业科技创新的主体结构。农业科技创新对创新方法的需求体现在通过提升农业科技创新主体的创新能力,实现农业科技研发创新和管理创新。本节基于这个框架,首先从个体和组织两个角度分析了提升农业科技主体创新能力对创新方法的需求,之后将农业科技研发创新和管理创新作为创新方法应用的不同方向阐述了其对创新方法的需求。

## 二、农业科技创新的方法需求类别

创新方法推动农业农村领域科技创新是通过提升农业科技创新主体的创新能力来实现的,但创新主体利用创新方法来进行的创新活动存在差异,借助创新方法实现创新的具体领域、环节和层次也不同。

1.农业科技创新主体的方法需求

(1)科技工作者的方法需求

人是农业科技创新的直接行为主体,科技人员的创新能力是实现农业科技创新的最关键因子。随着科学技术的发展和社会经济发展对农业科技的需求不断增加,农业科技人员所担负的农业科技发展和科技创新的任务日益复杂。在这种背景下,科学的研究方法和创新方法的重要性愈加突出。科技人员在研究工作中不断更新知识,吸纳新的思维方式,总结、分类、归纳、关联已经掌握的研究工具和研究方法,并不断学习和掌握新的研究工具和研究方法,这样才能跟上时代前进的步伐,立身于科技研究的前沿或服务于社会经济的发展。

为了有效地实施自然科学和技术的研究工作,获得创新性科技成果,科技工作者在研究中总是要采用一定的方法,方法的选择和应用是否适当是决定研究工作是否有成效、是否高效率的一项关键性因素。对于自然科学、社会科学和思维科学存在普遍适用的方法,即一般的哲学方法、如归纳法、演绎法、分析法和综合法等。把这些方法应用于创新活动中,总结提炼出普遍适用的技术或理论,就成为创新方法,如试错法、头脑风暴法、综摄法等,传统的创新方法和TRIZ等现代创新方法在促进科技进步过程中发挥了很大的作用。现代较为主流的创新方法如TRIZ等在创新问题解决上有以下特点:总结出创新的规律性,使得创新过程效率提高;帮助打破思维定势和知识领域界限;具有良好的可推广性和普适性。

与传统的农业科技创新方式相比,农业科技创新方法与理论强调开放性、灵活性和创造性的思维,能够提供一系列功能强大、行之有效的分析工具和求解工具,使得创新可依一定的程序与步骤进行,从而使农业科技创新方法与理论在科技创新过程中具有凸显的方向性、有序性和可操作性。农业科技人员通过创新方法的培训和应用实践,能够培养提高创新意识,掌握正确的研发方法,丰富和完善自身知识体系,有利于优化科技人员的知识结构和思维品质,提高科技人员归纳、利用已有知识的能力和效率,推动农业知识创新和技术创新的发展。

(2)不同创新主体的方法需求

从农业科技创新主体角度,政府、农业科研机构、农业高校、农技推广机构、涉农企业等参与到农业科技创新的不同环节,对创新方法也体现了不同的需求。政府作为农业科技体系的主要投入者和农业科研发展方向的主导者,主要是从宏观角度进行科技组织、管理、服务等管理创新,其中涵盖了农业科技创新和科技成果产业化创新的发展目标和方向制定、资源配置、体制机制建设等。创新方法在高校和科研机构的应用主要体现在科学发现、知识创新、技术创新,即农业科技的基本创新。农技推广机构、科技企业和农业经营者对创新方法的应用主要体现在农业科技的产业化创新方面,如农业科技产品的研制、推广等,由于部分农业实用新型技术来自农技推广机构、科技企业等。作为农业技术创新的主体之一,创新方法的应用也体现在技术创新方面。

农业高校、科研机构和涉农科技企业承担了农业科技研发创新的绝大部分内容,是对创新方法需求潜力最大的主体。科研机构、高校、推广机构、涉农企业等其他主体在科技活动的组织、管理等管理创新中也体现了对创新方法的需求,被主要用于主体内部科技资源配置、体制机制完善、产品研发营销等微观层次的创新,与政府将创新方法用于宏观层次的科技组织与管理不同。

农业科研机构和农业高校作为农业科技创新最重要的主体,以国家农业全局性和普遍性的问题为主要关注方向,以提高本国农业整体实力、提高本国农业竞争力、实现国民福利为主要目标,体现了国家和地方农业科技的研究开发实力和优势,其农业科技创新主要集中于农业科学知识创新和重大关键技术和共性技术创新。为了在研发过程中充分尊重农业科技工作的基本规律和自身特点,需要继续探索和应用符合农业科技发展规律、适应现代农业发展需要的农业科技创新方法,用以装备现代科研院所和高校的软实力,显著提高创新能力和效率。

除此之外,高校及科研院所还兼具培养储备农业科技高素质创新性后备人才的关键作用,这些人才创新能力的培养直接关系到未来我国农业科技创新能力的高低。但目前创新能力的培养多停留在口号阶段,或主要依赖教师和科研工作者的长期经验积累、总结和小范围内的传承,缺乏系统的理论方法和培训学习。在高校和科研院所有步骤有选择的推进创新方法的学习和应用,对于培养本科、研究生及各层次科技人员的培养创新性思维,提高创新能力具有不可替代的作用。

农业企业在农业科技创新中的主体地位备受关注,在《国家中长期科学和技术发展规划纲要》中明确将"以建立企业为主体、产学研结合的技术创新体系为突破口"作为科技体制改革的指导思想;将"支持鼓励企业成为技术创新主体",作为当前和今后一个时期科技体制改革的一项重点任务。支持鼓励企业成为农业技术创新主体并发挥作用,需要从体制机制多方面进行。在能力建设上,创新方法的推广是提升企业创新能力的重要途径。农业企业学习、推广、应用创新方法,有助于大大加快农业科技商品和产品的发明创造进程,提升自身核心竞争力和产品创新水平。企业技术创新方法应用领域比较广泛,主要集中在工程创新的产品设计、技术创新、工艺创新方面,在市场创新、管理创新、组织创新、观念创新方面也有较大的应用潜力。另外部分龙头企业下设的研发机构,通过与科研院所联合,也参与开展新品种、新技术、新工艺的研发。通过应用推广创新方法,有助于消化吸收行业关键技术,开展集成创新,加快科技成果转化和利用。

在农业技术创新主体中,位于生产一线的农业经营组织和农民的地位及作用不可忽视。农业生产经营组织虽然不是科技的创新者,但作为农产品的直接生产者,农业生产经营组织和农民的行为与市场需求直接相联,他们可以通过自身的行为对农业技术成果进行选择,从而使自己成为技术成果向市场转化的关键环节。作为农业技术大范围应用的主体,农业经营组织是农业科学技术能否变为现实生产力的重要一环。所以从农业技术创新到技术成果的市场实现整个过程看,农业经营组织和农民是农业新技术的主动创造者。可以借助创新方法的普及、推广和应用提高这类主体在农业技术创新中的创新能力,一方面有利于发现和提出农业生产中急需解决的问题,一方面有利于提高技术在生产中的适应性,通过提高农业技术供给和技术接受与应用之间的互动和协调,促进农业科技成果转换为现实生产力。

2.农业科技研发创新的方法需求

从科技发展角度,农业科技是自然科学、社会科学、管理科学等复杂交织的综合性领域。根据现代农业科技的特点和我国关于科技创新的特定内容,农业科技创新包含科学知识的创新,技术、工艺和技能的创新,制度的创新和显著效益的创造。根据前面对农业科技研发创新和管理创新的划分,普遍认为的科学创新、技术创新都属于农业科技研发创新的范畴。科学创新一般体现为具有重大科学意义的新物种、新现象、新规律的发现,有重大影响的研究手段的使用,有重大影响的新科学方法的应用,关键性的新科学概念的提出,新科学理论的创建以及新学科的创立,等等。技术创新一般指生产技术的创新,包括开发新技术,或者将已有的技术进行应用创新。

遵循创新的规律,研究创新的方法,利用创新方法所提供的创造性思维、方法和工具提高农业科技创新的方向性、有序性和可操作性,才能够突破农业科技创新的瓶颈,增强农业科技创新的能力,提高科技创新效率,推动大量属于中国的、具有中国知识产权和发明专利的新思想、新观念、新科技和新艺术的不断问世,使整个农业科技和农业实现快速发展。

(1)科技一体化创新的方法需求

从传统的学科研究对象来看,农业科技首先是整个自然科学的一个有机组成部分,农业科技研究是研究"自然环境—生物—人类社会"相互交织在一起的复杂系统,可分为应用基础科学和应用技术科学两大部分。应用基础科学是农业科学的基础理论部分,它探索生物生长规律,如光合作用、遗传变异和生物抗逆性等,其理论成果的学术意义较大,为应用技术研究提供理论、原理、方法和途径的指导。没有基础研究的突破,应用研究就不可能有革命性的进步和发展,基础研究起着前瞻性、全局性、战略性和决定性的作用。应用技术科学把自然科学的基础理论、原理、方法、途径和策略,转化为农业生产的技术、装备、产品、工艺流程或技术规范,其成果主要表现在设计出新技术、新工艺、新产品、新标准和新规范。

随着科技发展不断推进,农业科学与技术日益趋于一体化。科学与技术作为两个不同概念,以往基本也是按照各自的规律独立发展,但是现在科学与技术相互之间转化的速度非常快,已经没有绝对的界限,两者日渐发展成"科学技术"这样的统一体。从这一角度,一项科研成果一般历经基础研究、应用研究和技术开发而形成。农业科学作为一项主要应用于农业发展的综合性科学,在不断演化发展过程中,科学与技术的紧密相互作用使两者不断融合,逐步形成为一个农业科技有机统一体,并发挥协同作用成为现代农业发展的不可或缺的基本支撑工具。农业科技一体化突破了农业技术创新仅局限于技术范畴的弊端,使技术创新不能解决自身所涉及的知识增长和科学发展等问题得到解决,从农业科技一体化角度实现农业科技创新的突破更具有现实意义。

但在方法上,农业科技创新还缺乏基于科技一体化的创新方法。农业科技研究有其传统的思维方式和方法与工具,形成了相对稳定的研究范式,如常用的农业思维方法有模型化方法、系统缩放法、相似移植方法、试验激发法,质疑思维法和头脑风暴法等。农业科研工具主要包括实验基地、科学仪器设施、自然科技资源、科学数据、科技文献等五种类型。目前科研人员的创新思维和创新活动主要集中在传统的研究范式框架中,只是对所应用的科学理论、技术方法中存在的不完善之处和需要进一步扩展的方面进行理论研究和实验证明,或对各种技术方法存在的问题进行改进、改良或完善。这些目前普遍采用的传统的农业科学研究方法和范式基本上是将科学、技术与经济割裂开来分别进行的,其研究目标多局限于单项科学或具体技术,宏观的、整体的、横向的综合性研究常常难以顾及。农业科技创新的取得也基本上是停留在单一环节的局部创新或局部改进,远远不能满足现代农业科技一体化的创新要求。要想取得农业科技一体化的突破性创新,需要进一步总结提炼出农业科技创新普遍的规律和法则,形成和遵循更为科学严密的农业科学方法理论,采用更为全面系统的创新方法体系。

(2)研究手段创新的方法需求

现代农业科技创新离不开研究手段与工具的创新。从农业科技发展史来看,现代试验工具的运用极大地提高了农业科学研究水平和研发能力。随着世界科技的高速发展,农业科技特别是农业生物技术、现代农业工程科学、农业生态科学等的发展与创新更有赖于现代研究手段、科学仪器的推动。从国际上来看,创新型国家都十分重视科学仪器的自主研发,如欧、美、日等国家都把"发展一流的科学仪器支撑一流的科研工作"作为国家战略,对科学仪器的装备和创新给予重点扶持,科学技术的飞速发展,也促进科学仪器新技术、新成果层出不穷。

但我国科学仪器总体水平与国际先进水平存在明显的差距,与创新型国家的发展目标明显不相符。农业科技研究用的国产仪器中,只有气相色谱仪、紫外吸收光谱仪等科技附加值不高的科学仪器,在国内具有较高的市场占有率;液相色谱仪、生化分析仪器等中档科学仪器方面,我国国产仪器的稳定性和重现性不高,相应的应用软件等配套性较差,导致这些科学仪器市场占有率不高;等离子体质谱仪等中高档科学仪器我国基本处于空白。特别是在生命科学精密仪器方面,我国主要依赖进口。农业科研仪器研发水平反映出我国科研仪器研发整体水平较低的现状,其主要根源是我国在自主研发仪器设备方面投入少,核心技术匮乏,"重引进,轻自主研发"的现象仍比较严重,具有自主知识产权的科学仪器十分有限,制造业、材料业等与科学仪器产业密切相关的产业总体水平不高。提高科学仪器的自主创新能力是衡量我国科技创新能力的一一个非常重要的指标,将创新方法应用于农业科研设备研发以提高重要仪器设备的自主创新能力,是改善农业科研手段的必然选择。重要仪器设备的研发能力决定着农业科技的自主创新能力的高低。整体上,农业科技发展所需要的仪器设备也要求不断趋于精密综合和整体优化,需要针对具体学科领域的需求,加强重要科学仪器的研发创新和在农业科研领域的应用创新。农业科学仪器设备的研发本身也是农业科技创新研究的主体内容之一和创新成果的重要体现形式,需要充分了解农业科研实践的需求,实现仪器设备研发能力和关键技术掌握水平与农业科研领域具体需求的有机衔接。在仪器功能定位、性能指标确定、关键部件配套、控制系统和数据处理系统构建以及仪器制造、工艺改进、性能提升、工程化等方面的科技创新都需要科学方法和创新方法的助力才能实现。

(3)科技应用创新的方法需求

应用性是农业科学技术的最显著特点,对农业科技成果的最终要求是进入生产环节和过程,转化为现实的生产力。农业技术推广是农业科技成果转化为现实生产力的关键环节,科技成果通过应用到生产来实现价值,也是农业科技创新的最终目标。但是,在我国农业科技成果的转化和推广应用水平较低,农业科技成果转化率只有40%左右,远低于发达国家80%以上的水平。科技成果不能转化为现实的生产力对我国科技与经济的发展极为不利,一方面是盲目的研究与开发所形成的资源浪费,另一方面是一些亟待解决的科技问题乏人问津,即使是有相关研究也因供需渠道的障碍而搁浅。

从技术供给角度,解决农业科技与经济脱节问题,需要强化创新方法的应用。针对农业和农村经济的发展目标,对于优质、专用农作物新品种选育及产业化技术、种质资源创新利用与产业化示范、主要农作物优质高效生产技术研究与示范、畜禽规模化养殖技术研究与产业化示范、工厂化农业关键技术研究与示范、农业水资源高效利用技术与示范等一批带有全局性、方向性、关键性的重大科技问题,利用创新性思维、方法和工具突破技术瓶颈,集成熟化农业科技成果,提高农业科技成果服务于经济发展的水平。

从成果应用推广角度,亟须利用创新方法改造和提升科技成果推广服务平台与手段。转变思维,恰当利用现代信息技术和网络化技术,重点推广研发上成熟,生产上亟需的一大批技术,突破农业科技成果转化不力和转移不畅的瓶颈,解决农业科技体系中的科技成果供需矛盾,大幅度提高农业科技成果转化为现实农业生产力的效率,提高科技对农业的贡献率。中国农业科学院农业信息研究所研究的"基于3G的基层农技推广信息化平台"利用最新信息技术和装备,武装全国基层100万农技推广人员,使农业科技推广人员成为"一专多能"的信息化推广专家,能在田间地头手把手、面对面地为农民解决具体的技术需求和信息需求等问题。同时,政府管理部门还可以通过平台,把全国100万农技人员编织成一张强大的信息网,实现农情信息和突发事件的快速、定向采集,为农业生产经营的科学决策提供有效支撑。这个例子充分体现了创新性的思维和方法在改造和完善科技成果推广服务平台和手段，以及解决农技推广"最后一公里"问题中起到的重要作用。

3.农业科技管理创新的方法需求

农业科技管理创新主要体现对农业科技活动的组织、管理和服务等方面的创新，关系到科技政策能否得到认真正确贯彻，科研机构和队伍的潜力能否充分发挥，科技规划、计划能否顺利实现。农业科技各主体通过科技计划项目的组织、控制、领导、服务等系列工作，整合并有效利用各方面的资源，以实现其预期目标。农业科研工作有其自身的规律和特点，农业管理、组织和服务的各项措施也要求与科研工作的实践有效衔接。农业科研公益性强，研发周期长、风险大，决定了农业科技成果的保密性、垄断性极差，成果产出不稳定性强，这些特点决定了农业科技组织与管理在资源配置、科技评价、成果转化等方面都必须有相应管理方式和方法。农业科技创新是在一定的外部环境下进行的，同样农业科技管理创新也受到外部环境主要是行政体系、市场体系和科技资源等因素的影响，其实质就是在一定的行政体系和市场体系下，对科技资源进行统筹安排，推动科技进展和科技创新。

农业科技管理具有不同的层次，存在于不同的机构。宏观角度，各级政府通过政策调控、优势产业支持、有效配置区域内科技要素等方式，为区域农业科技持续、高效的发展提供制度环境，包括制定科技发展目标，明确科技水平提升的主要任务和关键领域，提供科技水平提升的组织保障等。微观角度，包括从科技机构、科技项目或者科技研发团队角度，针对区域科技发展或某一具体领域的科技问题进行资源配置和协调，包括科技立项、科技研发过程管理、经费管理、考核等各个环节。农业科技创新的主体（政府部门、农业科研机构、农业高校、涉农科技企业等）都涉及农业科技管理的创新，其中政府部门主要是进行宏观层面的体制机制建设和战略性、导向性的管理，科研机构、高校和企业主要在微观层面实施管理。

（1）理念创新对方法的需求

科技管理理念创新是科技管理创新的先导，"创新在发展，管理在演进"，农业科技管理的方式和方法也需要创新的理念，需要适应创新的发展。当今科技管理工作的范畴不断扩展和延伸，已不能仅仅局限于技术转移、技术策略等方面，而是应当以更宽阔的视野去思考问题，其中包括，如何管理科技、科技与产业结构及经营模式的关系，科技对一个产业供应链的重要性、科技对各种管理功能的重要性、引进科技的方法及如何评估、科技与人力资源的相关性，以及如何做好研发工作，使其更具效率，等等。

在科技管理的工作范畴和创新重点转变的过程中，推动科技管理从研发管理到创新管理转变尤为重要。美国《第五代管理》一书出版，提出了许多新型的管理创新模式，为管理一个企业或管理一个创新过程，提供了很多新的方法和技巧。而农业科技的发展已经从历史经验式研究、试验式研究发展到工程式研究,农业科技创新更需要有效的管理方式。不同的创新过程需要不同的管理,农业科技创新可以发生在某一个环节上,可以发生在产业链条上,有的创新需要某一项具体科学或技术的创新,有的需要大范围的集成,需要根据不同的创新内容施以不同的管理方式,将传统的计划管理模式向创新管理模式转变。

农业科技管理研究横跨自然科学、管理科学、经济科学、社会科学多个学科,既要体现现代科技管理研究的特点又要与农业科技创新和现代农业发展相衔接。各种因素和环境的不确定性更强,对相关的管理和管理创新的能力提出了更高的要求。在农业科技管理的理论研究和实践上,将科技研究中不可或缺的科学的思维、科学的方法、科学的工具与创新管理的概念与方法相融合、渗透,将有利于提高科技创新管理研究的水平,进而推动农业科技管理专家队伍的建设,提升农业科技管理的水平和管理效率,优化农业科技资源的配置,提高农业科技创新效率。

管理理念的创新归根结底是思维的创新。只有引入现代创新管理思维和创新管理工具,摆脱传统管理理念与方式的制约,顺应特定的行政体系和市场体系的发展,对科技资源进行统筹安排,逐步探索、研究和解决好农业科技管理中出现的问题,才能进一步明确和加强不同科技主体在科技创新中的地位,提升各创新主体在宏观和微观层次的创新管理能力,建立并不断优化鼓励自主创新的环境、体制和机制,形成激发创新热情,鼓励创新行为和提高创新回报的社会环境,使勇于探索、开拓创新的人才大有用武之地。走一条适合自主创新、适应现代农业发展的科技管理之路。

(2)机制创新对方法的需求

机制本身就是制度加方法或者制度化了的方法,科技管理机制就是指科技管理活动中所采用的制度和方法,其根本目的是提高科技管理工作的效率和效果。按照实施主体的不同,科技管理机制可以分为政府科技管理机制、高校和研究机构的科技管理机制以及企业科技管理机制;按照管理内容的不同,科技管理机制可分为科技项目资助机制、科技投入机制、科技信用管理机制等。

现行的农业科技管理机制主要是系统规划和协调传承的结果。宏观科技管理机制决定了科技管理工作和科技要素投入的主要方向和大政方针,而微观科技管理机制则是对宏观机制的实现、细化和保障。科技发展的一个十分重要的方面就是建立一种能够充分发挥人的创造能力的体制和文化,用以造就创新人才的栖息地,营造一种让人才脱颖而出的大环境,构建一种让新成果、新产品、新创意不断涌现的良好机制。但当前我国在科技管理机制上,并没有突破传统的计划管理模式,市场机制未能在科技资源配置中充分发挥其应有的指导性作用,尚未建立起适应科研和技术开发规律的研发、评价和监管机制,对如何为科研人员创造良好的工作氛围、培养鼓励创新的环境等探索也不够,导致科技研究开发与成果应用分离的现象普遍存在,科技管理体制与市场经济有"脱节",科技资源分散,组织动员能力与协调能力也不足。

将创新方法应用于农业科研管理机制,可以利用创新方法的思维来重新思考现存的科研管理机制在宏观和微观层面存在的问题,构建和实施更为优化的管理机制框架,将科技管理的各个方面系统、有机地结合起来,较好地实现从"科技资源的分配"向"科技资源的管理"的思路转移,利用创新方法和工具来提升不同环节的管理机制、改进管理制度,实现精细化管理,改变"我只有三分之一时间做科研"的普遍问题,最终提高科技管理工作的效率和效果。

(3)工具创新对方法的需求

现代科技管理创新的一个重要途径是科技管理的信息化和网络化,基于现代信息技术的网络化管理平台,可以实现科研管理工作的动态化、信息化、规范化和透明度,提高科技信息的收集、统计、分析的及时性和准确性,将传统的、静态的、被动的科研管理方式改变为动态的、主动的、全方位的现代科研管理新模型,使得农业科技创新主体和科技管理者之间通过各种电子化渠道进行互相沟通,大大缩短管理者与被管理者之间的距离,提高了科技信息和管理信息的沟通效率和管理服务效率,有利于科技工作的顺利开展。

在信息化、网络化农业科技管理工具的创新中,如能采用科学高效的方法,将有助于提高创新性管理系统的研发效率。创新方法与信息技术和网络技术的结合也是农业科技管理创新的重要方向。通过将现代创新方法和创新管理理念融入到科技管理网络平台系统,不同科技创新主体在科技信息获取、分析、服务,科技项目立项、执行、评估,科研经费管理,科技成果推广、转化,科技管理制度的实施等方面更有利于优化科研过程的各项管理流程,实现管理的预见性、实时性和公正性,有利于组织各方面对科技资源加以整合利用,使得农业科技管理变成精细化的管理工程,达到降低科技创新成本和提高效率的目标。

### 三、农业产业对科技创新方法的应用需求

创新方法是科技创新的手段,也是科技创新的内容。先进的创新方法是当前提升国家自主创新能力的重要武器,在我国"建设创新型国家"的战略指导下,在农业科技领域开展创新方法的研究应用,认识创新方法在农业科技领域中的重要作用,在农业科技创新的各个环节正确运用创新方法,对于突破创新的效率瓶颈,从根本上增强我们的创新能力具有重要的意义。前面分析了提升农业科技主体的创新能力、实现农业科技研发创新和管理创新对方法的需求潜力,但创新方法如何能在农业科技创新实践中被有目的地加以运用,特别是应用在不同的农业产业领域,还需要通过研究与实践进一步明确。

随着农业从单纯地利用生物体进行生产发展到产前、产中和产后紧密结合的综

合性产业,农业科学也演变为服务于现代农业专业化、社会化和集约化生产的现代科学技术和现代管理技术。由于农业产业形态复杂,不同农产品产业链条长短不一,传统农业与新兴产业相互交织,技术创新特点不同,对创新方法的需求也存在差异,不同创新方法在不同产业领域、不同创新环节的实用性也不同。为了更好地分析农业产业具体领域的科技创新对创新方法的需求,构建了创新方法在农业科技领域应用的多维分析模型,为在农业科技领域选用和提炼创新方法提出框架性建议。

1.产业应用需求框架

不同的创新方法有其各自的特征和应用模式,面向不同问题。农业各产业领域的创新问题也各自归属不同的科技领域,有不同的创新目标,处在不同的创新阶段。为使创新方法在农业科技领域应用更有目的性和针对性,更利于针对解决不同的农业科技问题选择或提炼适用的创新方法,建立了一个面向农业科技领域的创新方法需求分析框架,该框架将一个具体的农业科技创新问题从九个维度进行分析,这九个维度包括:问题的来源、问题的科学领域、问题的技术目标、应用的具体产业、技术经济目标属性、所属的创新阶段、创新主体、创新对象、创新级别。

特征参数的设定和取值是选择和应用创新方法的关键,也可以作为明确创新定位的工具。框架中通过设立的九个维度来逐层剖析和明确创新的定位。前三个特征参数重点关注创新问题的科技属性,是判断创新方法是否适用的关键因素,因为科学发现、技术研发..推广~应用和组织管理的创新各有其特殊的规律,所以会对创新方法提出不同的要求。第四和第五个特征参数重点关注创新的产业属性,即应用目标,后四个特征参数关注创新的一般属性。在创新活动中就可根据这个框架,将目标问题进行定位,以便于根据不同创新方法的特征,有针对性地选择应用较为适用的创新方法或者发展适用的创新方法。

由于该分析框架只是一个初步框架,所以具有较强的可扩充性,在特征参数的设定和取值上根据创新方法的特征和需要解决的问题的属性可进行扩充和调整,特别是可以随着农业科技领域的拓宽、农业产业链条的延伸和创新方法的发展进行扩充,以更好地明确创新的方向、创新的定位和创新方法的选用。

2.产业应用需求潜力

(1)农业产业基本框架

农业科技创新在推动农业产业发展中的应用是全方位的系统工程,不仅仅是解决具体的科学或技术问题,还特别强调面向产业需求,切实解决科技与生产"两张皮"的问题,明确农业生产要依靠科技、农业科技要服务生产的大方向。在农业科技创新转化为现实生产力的过程中,不同产业领域对创新方法都存在潜在需求。

在农业科技领域创新方法应用分析框架中,"应用的产业领域"和"技术经济目标"两个参数度量的是创新方法可能应用的具体领域和创新目标。在特征参数之中我们将"应用的具体产业领域"分为四大类产业领域:传统农业产业大类;现代涉农产业大类;农业战略性新兴产业大类;农业高技术产业大类。这四大类产业领域内还可细分为不同的领域。根据目前农业产业发展趋势,绘制了"传统农业产业、现代涉农产业和农业战略性新兴产业和农业高技术产业链",将农业产业进行细分,但产业层次还可进一步细分,农业部、财政部共同启动的现代农业产业技术体系建设,选择水稻、玉米、小麦、大豆、油菜、棉花、柑橘、苹果、生猪、奶牛10个产业开展技术体系建设试点,启动建设了50个现代农业产业技术体系,涉及34个作物产品、11个畜产品、5个水产品。所属产业细分到哪个层次取决于针对需要解决的创新问题在哪个层次上有较为匹配的创新方法,或能够构建具有共性的创新方法。

(2)农业领域创新方法应用潜力判断

目前,在泛制造业领域广泛应用的TRIZ理论和工具在农业机械制造等领域已被证明具有较好的适用性,但在其他领域的创新其作用潜力还不明显。不同的产业领域怎样发展或选用适合的创新方法是创新方法研究推广的重要课题,必须用系统的发展的眼光来看待农业科技创新问题和创新方法的应用问题。

首先,从创新的本质来看,不同具体产业领域的科技创新都存在一定的共性,为推广或建立农业科技领域创新方法提供了可能。虽然农业产业形态复杂,涉农行业多样,产业延伸广阔,技术创新体系复杂,但不同产业技术体系都存在共同的特点,即科学是技术之源,技术是产业之源,技术创新建立在科学理论的发现基础之上,而产业创新主要建立在技术创新基础之上。根据创新方法应用分析框架,不同产业领域的问题都能够在其科技属性中找到定位,通过明确创新问题的来源、科学领域和技术目标,就能够判断创新问题的解决是科学发现、技术研发、产品研发、推广应用还是管理的创新。从目前来看,除科学发现外,创新方法在技术研发、产品研发推广和管理创新方面都有其独到之处。

单从创新问题的技术目标来看,农业科技创新要解决的问题面向生物个体或群体、生态环境、机械设备、生产方式、组织管理形式等,其中面向机械设备、生产方式、组织管理形式等的创新与其他产业相类似,可以借鉴在其他产业已经成功应用的创新方法;对面向生物个体或群体、生态环境的科技创新,由于其创新对象非常复杂且具有明显的自适应性,需要主要依赖相关科学领域的科学方法来解决。但是即使是在类似科学发现等创新问题的解决中,创新方法仍然能够在思维突破、技术优化等方面提供借鉴。比如,作物遗传育种的创新问题属于的科学领域为生命科学,其技术目标是通过改变生物体自身属性提高生产性能。虽然作物遗传育种的根本性创新来自遗传变异规律等重大的科学发现,但在具体的杂交育种、转基因等创新实践中却都可以借助创新方法开拓研究思路,提高研发效率。

其次,创新方法在创新问题解决上的普适性为创新方法在农业领域的应用提供了基础。在目前应用较多的创新方法中,头脑风暴法是基于智力交流激励的方法,它能够最大限度地激发人的创造力,使人们互相启发,提出大量富有建设性的创新设想,从而获得问题的解决方案;七何分析法(即"5W2H"法)、奥斯本检核表法,属性列举法等是基于设问的创新方法,能够帮助人们找出问题,再针对问题部署具体的实施步骤;六顶思考帽法是基于变化思维角色的方法,通过变换思维角色的方式,引导对问题进行多个角度的分析;中山正合法与TRIZ理论是基于解决矛盾的方法,先将实际问题转换为标准问题,然后利用相关理论和工具进行求解,获得通用解,再根据实际条件的限制,对问题的解转化为具体问题的解;形态分析法、信息交合法是基于组合的方法,从构成系统的各个主要因素出发,将思考范围划分为不同的维度空间,在各异的组合中寻求创新。一方面这些创新方法在思维的创新上都具有较强的可操作性,另一方面对于问题的发现、分析、创新设想、矛盾解决、产品设计等创新的关键环节也都能找到对应的创新方法,所以在农业领域思维创新和共性的创新问题解决上有可供利用的创新方法。

3.产业应用需求目标

依靠科技创新实现农业产业创新,就是运用现代科技改造和提升农业,使现代科技不断地渗透到农业领域的产前、产中、产后的关联环节,推动农业产业链条的不断延伸,农业科技产业、农业服务产业不断出现,农业关联产业不断扩大,农业高技术产业健康较快发展,构建一个全新的现代农业产业链系统。农业科技创新不仅仅是研究开发,不能把当前农业科技创新的突出问题简单归结为技术供给不足,而应将提升农业科技自主创新能力破解农业面临的问题放在一一个更为广阔的农业创新生态背景下研究和部署。

农业产业特殊多变,农业科技创新日趋复杂。农业产业是较为特殊的产业,农业发展外部环境不断变化,农业发展方式也正处于变革当中。农业科技创新的对象是有明显自适应性的生物个体或群体既具有复杂性,又有错综复杂的生态环境;既有种类繁多的机械设备,又有参差不齐的生产方式和组织管理形式。在世界科技发展的带动下,农业科学知识基础在以惊人的速度进步,农业科技发展上的日益专业化也增加了农业科技创新本身的复杂程度。科技发展及作为其发展基础的知识日益专业化,使得创新过程越来越路径依赖。结果,创新过程的许多方面都显示出依赖于特定的部门、企业和技术领域,包括支撑创新机会的知识基础,科学理论与技术实践的联系,以知识为基础的多元化可能性,科研预算的配制方法,集权化的程度以及需要发展的关键技能、界面和网络。

随着时间的推移和社会经济环境的变化,农业产业发展和农业科技发展的组合不断发生变化,创新主体的特性也随着时间而发生变化,在不同专业领域中由于知识增长的速度不同而导致创新机会的产生。创新主体由于处于不同科技领域,从事不同技术研发,生产不同产品,可能会强调各自创新过程的不同特征,这也反映出知识领域的不同特性。每个创新主体都是根据个体以往的经验以及在某个特殊产业或产业群组中明显的技术发展轨迹进行创新。对于今天的创新主体管理者而言,不可能有一种简单的工具或模式处理根本性创新;对于不同的创新活动而言,也不可能存在一种简单的模式化的创新方法解决所有问题;对于创新个体而言,准确的判断力、经验以及在"试错"中学习的能力仍然是唯一可得而又切实可用的"工具箱"。

农业科技创新和创新方法的应用是不断发展变化的动态过程,农业科技创新和农业产业发展呼唤多种创新方法形成的特有的应用体系。创新方法理论体系不是一种形而上的固化体系,随着新的知识、新的领域的产生,"创新方法"体系的架构也会发生变化,需要不断发展、更新、完善。在创新方法的运用上,各国各领域并未一成不变地移植创新方法或生搬硬套,而是对原有方法根据实践进行完善与创新。创新的具体过程不能照搬,更不可能复制,但是创新的精神可以吸取,创新的路径可以参照,归纳总结的方法是可以借鉴的。"我们如果将创新方法比作一个工具箱,对工具箱越了解,工具准备得越齐全,遇到具体问题就可能更快解决。"在农业科技创新的各个环节中,应不断地将一些创新方法综合起来使用,并不断提炼总结在农业科技创新实践中卓有成效的方法和工具,摸索建立一个相对完善的农业科技创新方法应用体系,才能取得更好的应用效果。

# 第九章　农业经济推广保障机制创新

农业科技推广是一个庞大的系统工程,能否更好地发挥作用,除了改革农业科技推广体系自身外,还需要政府的政策措施等外部环境和条件作为坚强的后盾。本章主要讲解农业科技推广保障机制。

## 第一节　加强基础设施建设

### 一、加强农村基础设施建设

一般情况下,农业基础设施的完善程度与农业抵抗自然灾害的能力呈正相关。完善的基础设施是农业科技推广发展的重要保障。加强农村基础设施建设,不断提高农业综合生产能力,是农业现代化不可或缺的物质条件,将为推进农业科技推广改革奠定坚实的物质基础。加强农村基础设施建设,要加快推进农田水利基础设施建设;要把农田水利建设作为农业基础设施建设的重点,不断增加对农田水利基础设施建设的投入;健全农田水利基础设施的管理体制,充分发挥农户在农田水利基础设施管理中的作用,努力实现农田水利基础设施用、管、护紧密结合,不断提高其使用寿命与利用效率。

此外,加快农村物流基础设施建设。通过城乡公共资源配置均衡化、公共服务一体化建设,促进城乡物流基础设施互通互联、共建共享。一方面,要大力推进农村仓储基础设施建设,特别要加强冷链物流基础设施建设,夯实农村物流业发展的基础;另一方面,要加快农村公路网建设,注重农村公路的质量建设与管理维护,并考虑农村未来发展需要与趋势,使农村公路建设具有一定的前瞻性。

### 二、加强农业信息化建设

农业信息化使信息化渗透到农户生产、经营、消费、学习等各个环节,从而极大地提高农户生产效率和生活水平的过程。美国、日本等农业发达国家利用网络、电视、电信、卫星遥感等现代高科技手段与农民进行双向沟通,取得了巨大成功。现代农业信息网络技术,将对推进农业科技成果转化,实现农业新的跨越产生重要的作用。农业信息化建设是国家重点推进的建设内容,网络信息技术在我国农业科技推广领域也显现出巨大的发展潜力。据统计,全国电视综合人口覆盖率为96.23%,有线电视入户率为37.02%,手机在农村的发展迅速。电视、电话、手机、电脑等大量地投入到农业信息服务之中,为实现便捷信息服务、解决信息服务"最后一公里"提供了新的载体。农户作为农产品的生产主体及农产品全程质量控制的源头,强化对农户的信息服务,提高农户生产经营中的信息运用水平有重要的现实意义。但受到农民信息意识淡薄、农村信息流动不畅、农村地区基础设施条件差、农业信息化建设水平较低等因素的影响,对互联网的装置安置和农户使用培训的配套措施等方面却很难做到同步,农村信息缺乏时效性和针对性,这在很大程度上影响了推广效率,限制了农业科技推广能力的发挥,制约了农业信息化的发展。

因此,我国政府应着力推进农业信息化建设,启动"互联网+农业"、"互联网+农民"、"互联网+农村"工程,加快农村物联网、大数据、移动互联等网络信息平台和涉农信息设施配套建设,逐步实现电信网、广播电视网、计算机网三位一体,加快乡村拓展热线电话、短信平台、专家视频等科技培训功能,建立起进田间、入地块、到农户的农业信息服务网络,通过网络技术将农业科学技术传播到全国各地,促进农业全产业链改造升级,指导农业生产,促进科技成果转化;整合政府、大学、企业和社会各方的科技成果推广资源,建立农业科技成果推广服务信息共享数据库,最大范围内实现信息资源共享;建立开放式、网络化的农业科技服务平台,实现农业产前、产中、产后的信息化全覆盖,让农民群众拿起电话能听到专家的声音,打开网络或电视能看到技术影像资料,提高农技推广信息的针对性、时效性,加快农业科技创新的步伐。

## 第二节　完备的法律保障体系

### 一、完善农业科技推广立法

农业科技推广法律法规是稳定农业推广体系的重要保证。国外农业科技推广体制的设计和实施都有一定的法律保障,尤其是美国的经验非常明显。目前我国与农业科技推广有关的法律主要有《中华人民共和国农业技术推广法》、《科学技术进步法》、《农业法》、《农业技术合同法》等。这些法律对于农业科技推广应用起到了极大的促进作用。但一些条款已经不适应当今农业科技推广工作,有必要对相关法律进行修改完善,以保障农业科技推广事业的健康发展。今后在加强和完善农业科技推广立法方面,重点需要做好如下工作:第一,通过立法保障农业科研推广经费的投入增长比例;通过立法建立中央和地方对农业科技推广经费的合作分担制,明确农业技术推广事业经费由中央和各省、县级政府共同承担。

第二,应尽快修订《农业法》、《农业技术推广法》等相关法律,出台相关配套规章制度,保护农技推广机构和人员的权益,规范农技推广和服务事业的发展。第三,将市场型推广组织正式纳入国家农业科技推广体系法律中。应从法律层面确定农业大学和科研机构的推广职能,将大学的农业科技推广活动纳入国家农业推广的制度化框架之中,并从政策、资金等各方面给予支持,为大学开展农业科技推广工作创造一个良好的外部环境;明确农民专业合作社在农业科技推广方面的财政扶持,金融支持,税收优惠等优惠政策和相关政策措施。第四,加强对农业科技知识产权的保护和管理,规范的农业技术市场秩序,激发科研人员进行创新的积极性。

## 二、加强法制监督

我国农业科技推广体系的构建和改革过程中,缺乏与法律和政策配套的实施机制,使得出台的法律法规和政策措施在实际中没有得到很好的贯彻落实。例如,虽然《中华人民共和国农业技术推广法》规定基层农业技术推广机构为全额拨款事业单位,但目前全国乡镇农技推广机构预算管理形式却多种多样;虽然推广法规定农技推广机构的专业技术人员占全部推广人员的比重要达到80%,但实际上全国情况普遍低于80%的规定标准。违法违规现象时有发生,如截留推广人员工资和推广事业费等。因此,国家执法监督部门应加强对农业科技推广活动和法规实施情况的监督,通过法制监督,规范农业科技推广项目规划和资金的管理,促进农业科技推广向规范化、科学化方向发展。

# 第三节　投入保障机制创新

农业科技创新是生产力增长的主要推动力,国家需要不断增加对农业科研和技术推广的投入。农业科技推广的发展离不开资金的支持,农业科技推广各项工作的开展实施,农业科技推广工作人员对推广任务的认真履行,农业推广科技成果的成功转化都离不开资金的支撑。农业科技推广经费投入是科技进步的必要条件和基本保证,建立完备而稳定的农业科技推广投入制度,是保障农业科技推广体系持续发展的基本前提。我国的农业科技推广缺乏制度化的投入保障机制,经费长期处于供给不足状态,这使得农业科技推广工作人员的积极性不高,严重影响我国的农业科技推广活动。如何确保一个稳定的经费来源是当今农业科技推广所面临的最具挑战性的政策问题。为解决这一难题,需要从以下几个方面进行机制创新。

## 一、加大政府对农业科技的投入

农业科技推广的社会公益性决定了政府公共财政是农业科技投入的主渠道。财政对农业技术推广支持包括技术推广经费（人员经费、固定业务经费和专项补助费）、事业费、项目费以及农业技术推广人员的工资福利等。美国、日本等当今农业发达国家都以国家的财政资金投入作为维持农业科技推广正常、有效运转的最基本保障。对于农业推广而言，推广效果的好坏，取决于经费投入的力度。中国科学院农业政策研究中心王红林等的研究表明，推广^经费的投入往往直接决定着农业推广的力度和速度。中国在相当长一段时间内农业推广的投资主体仍然要以政府为主，而且还需要强化。在"绿箱"政策的范围内，加大对农业科技推广项目及服务体系建设的支持力度，特别是加强各级政府对农业高校的经费投入。调整政府的投入方式，提高固定经费拨款（相对于竞争性项目经费）在总投入中的比例，为重大研究成果的产生创造良好的科研环境。同时，在"985工程"、"211工程"、国家重点实验室建设等项目中，应加大对农业高校的支持力度，对其所占的比重和经费投入应有更大倾斜；建立国家农业科技人才基金，重点引进和培养杰出人才，改变目前农业科研杰出人才严重不足的局面；增加中央政府对中西部地区的农业科研投入，促进中西部农业的可持续发展。

## 二、建立多元化农业科技投入机制

除了依靠政府的财政拨款和项目资助外，应采取多种优惠政策，鼓励和支持农业企业、个人、农协等社会力量参与农业科技推广投资，从根本上改变农业科技投入严重不足的状况，使农业科技推广投入机制向多元化发展。

首先，推广机构要从内部现有的科技项目资金、技术成果转让收入等方面拿出一定比例的资金建立科技推广专项资金，专门用于自主设立技术推广项目。其次，农业科研单位、基层推广组织可以通过技术成果转让、技术开发、技术咨询服务等形式开展有偿服务，获取一部分服务费用。

最后，农业科技企业要将经营收入的一定比例用于研究开发工作。对于产业化程度高、效益明显的项目，引入市场机制，以企业投入为主，并积极鼓励社会资金入股、专家入股、个人集资等形式筹措资金，使之逐渐成为继政府拨款之后的重要资金来源。

## 三、建立农业科技推广项目新型资助制度

我国目前对农业科技推广项目的资助基本上是非制度化的，项目评审、验收、鉴定是全封闭式运作，推广项目的经费是逐级下达，先通过当地政府再到技术推广人员，中间的环节过多，以致项目经费成了"撒芝麻盐"的"福利"，项目执行过程中的资

金不到位与流失现象严重。因此,建议建立农业推广"项目资助制度,由农业部下属的农业科技推广司负责推广项目的资助工作。资助项目类型可以分为--般性项目、专门性项目、竞争性项目、特殊性项目。一般性项目是针对政府型农业科技推广组织开展推广活动而设立的项目类型;专门性项目是针对农业大学、农业研究机构、龙头企业和农民专业合作社分别设立的项目类型;竞争性项目是针对所有参与推广活动并具有竞争资格的组织或个人而设立的项目类型;特殊性项目则是针对某些特殊事件、特殊产品开发、特殊推广领域的项目类型。政府应当确定资助项目的主要内容和研究领域重点。对项目的申请、评审、立项、进展、完成、资金使用等制定出相应的措施,并且强化对推广项目经费的管理,可以通过竞争申请或公开招标的方式,可以尝试实行基金化管理,确保农业科技推广项目经费的专款专用。

## 四、高效的资金使用监管机制

一是,有关管理部门应加大资金投入管理制度,强化农业科技项目和经费使用全过程的审计,加大对农业科研经费使用效果的跟踪和监管,确保经费使用规范、安全、有效。

二是,建立经费使用绩效评价制度,加强重大项目经费使用考评,提高经费使用效率。

三是,加强金融、税收、保险对农业科技的支持。金融机构要将科技含量高的农产品加工、综合开发等作为信贷支持的重点,加强税收、保险的支持,探索建立农业科技推广与产业保险制度,建立农业科技推广的风险防范制度。

## 五、完善补贴政策

1.收入分配状况会直接影响到农技员的工作积极性,应完善农业科技推广工作人员的补贴政策。

一方面,基层农技员的整体收入水平与其他行业或企事业单位存在较大差距,尤其是欠发达地区的农技员收入水平普遍较低。因此,可以通过发放年节补助、交通补贴、下乡补贴、加班工资等方式改善基层农技员的收入状况。另一方面,在建立需求导向的考评激励机制基础上,应该加大对农业科技推广工作人员的补贴。应建立与绩效评价结果挂钩的补贴政策。具体的办法有:技术人员在水稻各生育阶段技术指导到位后,按实际推广面积给予技术人员指导费;根据验收产量结果,确定单产标准,完成单产目标的,按实际推广面积给予技术人员奖励;以验收产量为基准设立高产奖励;④允许农技推广人员开展"技物结合"等合理的经营性活动,通过为农户有偿购买种子、化肥、农药等农资物品,既可以为农资把关,提高良种覆盖率,促进良法到位,又可获得一定收益,提高为农民服务的积极性。

2.补贴收入对农民的决策行为有显著的积极影响,要在现有农业补贴政策的基础上,对支持农业科技推广的农户提供补贴,促进农业科技推广工作的开展,加快农业新技术的推广。

一是,积极推进对农户的农业"三项补贴"改革,即将原来的农资综合补贴、种粮农民直接补贴、农作物良种补贴合并为农业支持保护补贴,充分发挥补贴对农业科技推广的促进作用。将种粮农民直接补贴、农作物良种补贴及农资综合补贴存量资金的一定比例用于农业科技推广。补贴对象为支持农业科技推广的农户,真正体现"谁采用新技术,补贴谁",让支持新技术的农民不吃亏。各地要不断创新补贴方式方法,激发农户采用新技术的积极性。

二是,将种粮大户补贴资金、农资综合补贴存量资金的一定比例及农业"三项补贴"的增量资金用于支持发展多种形式的粮食适度规模经营D,重点支持建立完善农业信贷担保体系,可以试点实行补贴向种粮大户、家庭农场、农民合作社、农业社会化服务组织等新型经营主体倾斜。

# 第四节　激励约束机制创新

农业科技推广队伍是实施科教兴农战略的重要载体,是推进农业科技进步的主导力量。现代农业发展对科技推广"服务人员的素质提出了更高要求,稳定农业科技推广人才队伍是国家支持和保护农业的重要方面,也是农业农村经济持续协调发展的现实需要。

## 一、人员配置和聘用准入制度设计

新型农业科技推广人才队伍主要包括:专门从事科研教学和推广的专家学者;科研院所的有关科研和推广人员;县乡基层原有的农业科技推广队伍;科技示范户、经济合作组织和龙头企业。其中,农业大学和科研院所的专家是大学为主体的推广体系的核心技术力量;县乡基层原有的农业科技推广队伍是农村基层科技推广的主力;科技示范户、经济合作组织和龙头企业将逐步成为经营性农业科技推广的重要力量。建立科技推广人员准入制度,制定严格有效的人员考试考核录用聘用制度,公开招考,竞聘上岗。人员岗位依据工作需要、工作能力和工作业绩合理流动,依法解聘不合格人员,明确农技推广人员的准入资格。建议在农业高校实行以聘任制为重点的多种用人制度,建立公开、公平、公正的竞争机制,实行按岗定酬、按任务定酬、按业绩定酬的分配制度。

## 二、考核评价机制设计

考核评价机制是农业科技推广激励约束机制的核心,考核内容和指标在整个农业科技推广活动中将发挥"指挥棒"的作用。

首先,建立科学合理的绩效考核制度。明确考核的主体、考核内容及方式,建立一套完整的奖惩措施,强化对科技推广人员的业绩考评与激励,调动大学科技人员从事科技推广服务的积极性和创造性。

其次,制定推广人员按岗定酬、按绩取酬,以岗位定工资、按业绩定津贴考评机制。应把科技成果的转化应用情况、科技成果对主导产业的示范带动作用等列入考核内容;将考评结果与工资报酬、职称职务等挂钩;将农民的增收状况及农民对农技人员的评价纳入到工作考核体系中;探索科技生产要素参与分配的方法和途径,允许科技人员以技术投入和服务等形式参加二次分配,从事经营开发创收。

最后,建立科学的激励制度。一是工资制度。明确工资、福利等基本待遇。二是奖励制度。根据区域内推广的效果(农业增产、农民增收的比例),对基层农技人员进行物质奖励;对达标和优秀的农业科技人员要进行年度奖励。三是补贴制度。保障农技员的社会福利,农技员下乡指导工作的交通、燃油费补贴等尽量到位,使其专心工作、努力工作。

## 三、完善推广队伍管理机制

农业科技推广要求科技人员不仅要有丰富的科技专业知识,还要有较强的社会实践能力,能经常深入生产一线,吃苦耐劳、敬业奉献。因此,要完善农业科技推广队伍管理机制。

1.我国应加大农业科技推广人才的培养力度,加强对农业推广人员创新能力的培养,不断改进提高农业推广人员的知识文化水平,提升农业科技推广人员素质,优化科技推广"人员结构,培养多层次多领域的创新型人才,培养造就一支高学历、科技水平强、业务素质硬的农业科技推广队伍。

2.加大农业科技推广人员培训力度。制定科技推广人员培训计划,加强对科技推广人员的实践锻炼和继续教育,探索建立农技人员知识更新的制度。通过任职培训、岗位知识培训,与有关高校研究所联系,选派优秀农业推广人员学习,聘请专家教授指导,促进农技推广人员知识更新,拓宽视野,提升专业素质、业务能力和服务水平,确保农业科技推广人员能够为农民提供满意的推广服务。

## 第五节 培育新型农民

高素质的劳动力是我国农业实现现代化的必备力量,农民是农业科技推广中的主体,农民素质的高低在很大程度上影响着科技创新的成败。现代农业技术对最终应用者的素质要求高,需要较高的知识水平、技能以及良好的技术采用态度与观念,而农民在这方面的整体素质较低,在一定程度上影响农业科技创新成果的应用和扩散。据统计,目前我国农村劳动力资源文化程度偏低,大专及以上文化程度的仅占1.20%,严重制约了农技推广的发展。当前,我国的农业教育主要以高等农业教育为主,在培养农业人才,促进农业科研和农业知识服务发展等方面发挥着其他类型教育不可替代的作用。高新农业技术在可能带来高产和低成本的同时,也存在因技术使用过程中的信息不完全或不对称所引发的风险。因此,需要进一步加强基础教育以及农业推广教育,加大对高等农业教育扶持力度,通过政府的宣传、教育与推广人员的引导,通过新型农民培育体系建设,促进农民适应农产品市场需求的变化、适应现代农业发展需要及农业科技进步的要求,提高农民对新技术的认识水平,提高农民科技素质,提高其接受新事物、新思想、新技术的能力,积极引导有知识、懂技术、会经营的农民到农村创业,保证农业科技推广工作的有效开展,为农业科技推广体制改革提供智力支持与人才支撑,为农业推广、农业生产以及农村经济的发展谋求持续的主体力量。

此外,在加强教育作用宣传的基础上,还应加强对农民的教育培训。加强对农民的教育培训,有利于提高农民获取和接受新技术的能力,也有利于增强其辨别和应用新技术的能力,从而有利于农业科技创新的顺利开展。统筹各级各类农业教育培训资源,积极开展生产型、服务型、创业型职业技能培育,重视农业创业方面的培训;鼓励和支持符合条件的涉农企业、农村经济合作组织积极参与职业农民培育工作;从农民的实际出发,依据不同地区和农民的不同层次进行多渠道、多形式的技术培训,使农民从科技的学习和运用中得到实惠,培养农民技术员和技术致富能手。目前,我国开展的"绿色证书工程"、"青年农民科技培训工程"、"农业远程教育培训工程"就是其中的典范。

## 第六节 我国高校农业科技推广创新探索

### 一、高校农业科技推广体制创新设想

高校农业科技推广,是指把大学、科研院所的科技成果,通过适当的方式方法介

绍给农民,使农民获得新的知识和技能,并在生产中加以运用,达到增产、增收的目的,从而改变环境、提高生活水平。农业科研、教育与推广相结合是促进农业科技成果迅速转化,拓宽农业科技推广部门职能的有效途径。三者的结合和协同发展是现代农业科技推广的必然趋势。在我国农业科技推广中,农业高校具有不可替代的位置,这是由农业高校是科研成果、人才培养、信息传递的源头,具有科技信息、人才、教育培训等优势决定的。高校农业科技推广体系制度设计必须凸显农业大学的重要作用,突出高校农业科技推广产学研三位一体的融合特征,调动科教人员、推广人员、企业参与农业科技推广的积极性。高校农业科技推广应重点突出以科技示范基地建设为中心,以实施科技项目为纽带,加速农业科技成果的转化应用和提高农民吸纳新技术的能力,促进农业主导产业发展和农民增收致富。从长远来看,我国新型农业科技推广工作的内容将由产中服务向产前、产后纵深拓展,并逐步发展成为农业科技推广咨询服务;在推广服务理念上,由被动服务向主动服务转变;在推广服务对象上,由一家一户向以农业龙头企业、农业专业合作社、科技示范户为主转变;推广的策略将由自上而下行政指令驱动式向以由下而上自愿参与咨询式为主并辅以其他方式过渡;推广的组织体系将进一步向多元化综合型方面发展,民间推广组织力量将不断加强;推广的手段和方法将不断更新,计算机及大众传媒将被广泛应用,提高科技推广服务的成效。

**(一)组织体系创新**

为了从根本上解决传统农业科技推广体系的多头管理、职责不清、行政依附性强等一系列问题,新型农业科技推广体系组织体系必须进行优化和创新。

1.组织架构优化

组织架构是组织治理机制的基础,受内部长久以来的科层制管理模式影响,国内高校农技推广模式的组织架构高度集权化。一方面,国内高校农技推广组织模式大多是由政府领头或政府牵头,其他组织协同参与,高校单独自主进行的动员能力和农技推广经验还不充足,导致高校在农技推广中的组织定位不清晰、组织内部的职能划分不明确、权责模糊,很大程度上制约了高校在农技推广活动中的主动性、灵活性与创新性;另一方面,国内高校农技推广传统组织结构层级式的封闭的组织架构与信息流动形式,造成中间环节的成本浪费、反馈时间的延长、信息逐级传递过程中的失真、执行效力的降低等。高校农业科技推广模式高度集权化的组织架构没有适应时代发展的趋势,不能最大程度地发挥农技推广组织服务社会的功能,阻碍着高校融入社会和服务人民的步伐。

高校农业科技推广模式的组织架构优化是将原农业推广机构中的公益性职能与经营性服务分开,以农业大学、科研院所和政府基层推广组织为公益性专业农业推广机构,而经营性服务机构与市场接轨,要参与市场竞争且在推广计划、项目、内容等方面受政府监管。从组成上看,高校农业科技推广体系包括三个部分:一是公益性职能的农业推广机构,即农业大学、科研院所和政府基层推广组织;二是经营性的服务机构,如农业龙头企业;三是社会服务机构,如农民合作经济组织。大学在该系统中处于核心位置。在这种新型农业科技推广体系下,政府一般是以拨款的方式支持农业大学推广"农业技术,履行监督职能。政府与农业大学之间是委托与代理关系。高校农业科技推广体系要突出试验示范、培训教育的支撑作用,鼓励农业大学建立农业试验示范站、农业科技示范基地,建立科技咨询服务网络和农业教育培训系统,为龙头企业、经济合作组织和广大农民提供信息和培训服务,发挥科技的引领作用,促进农业科技成果的高效转化,提高农民的科技素质,推动农村经济社会协调发展。优化后高校农技推广模式组织架构是在政府的宏观调控、其他单位的协同合作下,以大学为教、研、推核心,实现多元一体化的体系。

2.功能与任务定位

高校农技推广组织结构的优化应该以明确其功能和任务定位为前提。第一,在农业科技推广体系中,政府发挥着领导和支持作用。政府的领导和支持作用主要体现在相应政策和法律的制定,宏观经济环境的优化,对各类推广组织和主体行为进行调控和监督等方面。政府鼓励大学参与农业科技推广,为大学农业科技推广提供稳定的资金支持,保证项目费、推广经费、推广人员的工资福利等各项资金的合理到位;加强对大学农业科技推广的政策支持和宏观管理,为大学推广活动创造良好的外部条件。

第二,大学主要依托科教资源优势,提供技术成果,组建专家团队,通过建立农业试验示范站、农业科技示范基地,通过农业信息咨询服务网络、农业教育培训系统等传递方式,对基层农业技术人员、科技示范户、龙头企业、经济合作组织和广大农民进行培训和教育,发挥科技对产业的支撑作用。农业大学科技推广的目标是教育性或推广其科研成果,以达到农民增收、素质提高和农村生活环境改善目的。

第三,基层农业科技推广组织和科研院所是当前农业科技推广的基本力量。我国政府原有的基层推广组织机构健全,拥有一支数量庞大、经验丰富的科技推广队伍;科研院所拥有丰富的科研成果和专业推广队伍,联合它们参与大学农业科技推广,可以弥补大学推广力量不足的问题。

第四,农业龙头企业和农民合作经济组织利用自身优势参与农业科技推广,通过为农户提供技术、购销、信息服务,加强企业与农户之间的合作,推进农业生产手段和经营方式的现代化,增强农产品的市场竞争力,推动农业产业化发展。

第五,高校农技推广^组织模式的根本宗旨和目标是使农民得到最需要的农业技术,并且随时根据农民的反馈进行相应的调整和改进。因此,高校农技推广项目应与农户的农技需求相匹配,高校和农户之间应建立双向互动关系,减少中间环节沟通成本。

### 3.管理体制

高校农业科技推广体系以项目为纽带,吸纳科研单位和基层科技推广组织参加,建立合作利益关系。在管理方式上采取系统垂直管理与横向合作相结合,根据当地的具体情况,推广资源和人员的整合和优化配置可采取各推广主体的行政隶属关系不变(如参加项目的科研人员、基层农技推广人员隶属关系不变)、经费渠道不变(如合作经费由项目经费开支),业务上开展合作,项目结束后,合作关系终止。这种结合关系加强了大学与基层推广组织、科研单位的合作,提高了各类科技推广资源的配置效率。随着大学农业科技推广模式的不断发展和完善,推广资源和人员的整合和优化配置向"一体化"趋势发展,即应将推广机构、科研院所及其人员划入农业大学,从体制上确保形成农业科技推广的合力,以便发挥整体功能和综合效益。

### (二)运行机制创新

运行机制是指在一定的农业科技推广体制下,政府农业科技推广机构、农业高校、农业科研单位、涉农企业、农民专业协会等各要素之间相互联系与作用的制约关系及功能。实践证明,科研、教学、推广相结合,产学研之间的互动是现代农业推广的必然趋势,是一条适合中国特色农业科技成果转化运行机制与模式。在市场经济体制下,如何建立开放、协作、竞争的运行机制,使得推广组织在实践中相互促进、相互融和,从而使各个组织功能得到完善成为亟须探讨的问题。

### 1.协调合作机制

农业科技推广体系是一个复杂的社会系统,其良好的运转需要系统各要素之间必须保持协调,如国家、推广组织与农户三者之间的利益协调,农业推广、科研与农业教育之间的协调,各推广组织之间的协调等。建立大学与农技推广部门的合作机制,各推广机构应本着合作的原则进行推广活动,实现科研与推广优势互补,有利于促进科技供给和需求的有机对接,形成科研来自实践、成果应用于生产的良性互动机制,提高科技推广效率。在新型农业技术推广体系中,建议设立农业科技推广工作协调领导小组,该协调领导小组由分管农业的领导任组长,农业、教育、科技、财政等有关部门领导,农业大学、科研院所的负责人和社会其他有关方面的代表为成员,统一领导和协调全国的农业科技事业。其主要职责是整合各种农业推广资源优势,建立农业科技推广团队;组织协调农业大学、政府、基层科技推广组织联合开展农业科技推广活动;实施项目和推广专项资金的动态监测和绩效考核等重大事项。科、教、推相结合,既有利于解决农业发展中的技术难点问题,又可充实高校教材,丰富教学内容,为培养大批农业科研、推广及生产人才奠定了很好基础。

### 2.建立农民参与式机制

不同地域的农户对农业科技的需求存在多样性和差异性,对新科技的接纳倾向和吸收能力也是有区别的。高校农技推广组织应该根据农户的差异化科技需求来选择农技传授方式和科技服务项目。在农业科技推广实践中,实行农户参与推广和以农户为中心的推广运行机制,既强调技术供给,又重视技术需求。在制定农业科技推广发展规划、确定推广项目、评价推广效果时,应坚持运用自下而上和上下结合的参与式方法,广泛征求农民的意见,按农民的意愿和需要开展推广活动,最大限度地动员和组织当地农民参与推广活动。在解决农业生产中遇到的现实问题时,建议由县或农业协会的农民代表组成推广建议委员会,定期了解农民推广需求与问题,由农业项目专家做出答复。若遇到专门问题还要举行小组讨论、县级会议、区域性会议。农民参与式机制的建立使农民与科技推广人员、农民与政府、农民与农民之间的关系更为密切,增强农民在农业科技推广中的积极性和主动性。

3.建立项目首席专家负责制

农技推广项目实行首席专家负责制。以项目、基地为纽带,吸纳大学、科研院所科技推广专家和基层技术推广人员,组建以业务协作和利益共享为核心的推广专家团队。推广专家应具备扎实的农业基础理论知识、推广工作经验和学习新技术的能力。首席专家由大学著名教授、推广专家担任,通过招标方式产生。骨干推广人员由首席专家从大学、科研院所和项目实施区的基层农技推广人员中聘用。首席专家全面负责对项目的合同任务执行、资金使用、内部人员任务分工与考核等。

**（三）推广模式创新**

农业科技成果推广模式是指某种特定的,在一定时期内相对稳定的农业技术推广组织形式、方法、规范与标准。现行的政府型农业技术推广组织体系被视为农业技术推广服务的一种传统模式。高校农业科技推广模式是一种以教育和培养农民、提高农民的科技文化素质为目标,以农民需求为导向的"自下而上、上下结合"的推广模式。大学农业科技推广新模式与传统政府农业科技推广模式有很大的差异。

高校应该积极创新,探索出新型的农技推广模式,完善农技推广组织行为。在现阶段农业大学可以选择以下模式作为农业科技推广的优先模式。

1.基地示范型推广。大学依据优势学科,结合区域主导产业发展,建立产学研试验示范基地,开展试验、示范和推广工作,为农业生产和农村经济发展提供新品种、新技术、新信息,展示现代农业的经营方式,推动农业技术与成果推广应用。其运行模式是"基地+专家+农户"、"大学+试验站+农民"等。

2.项目型推广。农业大学以实施科技推广项目的形式促进农业科技新品种、新技术的推广"应用。该模式是我国现阶段农业科技推广的主要类型,是目前大学农业科技推广的重要形式。

3.院地合作型推广。农业大学与地方政府建立科技合作关系,围绕区域农业发展,开展成果展示、科技洽谈、下乡服务等院地合作科技项目。大学主要提供技术成果和技术推广方案;各级推广机构协助大学实施推广计划;政府提供政策、法律和资金保障。

4.技术培训型推广。高校充分利用大学的师资力量、教学设备,对基层农业技术人员、基层农技干部、专业大户和广大农民的培训和教育,使他们掌握新技术和方法,达到解决农业生产中关键技术问题的目的。另外,农业大学为农民专业协会与专业合作组织等提供技术培训、技术咨询和指导,提高合作组织人才培养能力,促进农民素质提高、增强创业致富能力。以技术培训和咨询延伸农业科技推广工作,一般运行模式为"专家+农民合作组织+农户"、"大学+协会+农户"。该模式需要国家给予相应的政策扶持和资金支持。

5.企业带动型推广。由企业提供设备和场地,以企业投资经营为主体,农业大学以技术入股等形式组成利益共同体,通过企业带动,将先进实用技术推广应用到生产中,促进成果熟化与转化。其运行模式是"大学+公司+农户"、"科技专家+公司"。该模式实行市场化运作、企业化管理的灵活机制,是目前国家倡导的适合于市场经济发展规律的一种新类型。

## 二、我国高校农业科技推广实践

### (一)我国农业科教体系概况

#### 1.农业教育体系现状

我国高等农林院校大都是在全国院系调整中的农学院独立发展而来的,这些农学院与当时的综合性大学分解并合并其他一些与农业有关的科目,形成目前的高等农林院校。新中国成立后建立的农林院校都是独立建制,基本上是农业部属与省属两种。我国农业高等教育事业已经有了发展,各省基本上都建有畜牧兽医学院、林业学院、农业专科学校、农业科学研究院等方面的高等院校。我国目前有70多所农业高校,主要职能是培养人才、开展农业科学基础研究、进行农业应用研究及开发研究等,是农业科技成果的孵化与推广的中坚力量,每年都有大量的科技成果问世。农业院校承担了国家科技攻关计划、"863"和"973"计划在农业领域50%以上的课题,获得了国家级科技奖励100余项。独立建制的农业职业技术学院和农业中专学校293所,县级以上农业广播电视学校2877所,县级农技校2127所。农业高校不仅承担普通高等农业人才培养、科学研究、技术推广的艰巨任务,也是农民职业教育、农业继续教育发展的重要基地。农业高校和科研院对农业科技发展和农村经济社会发展具有巨大的推动作用。然而由于长期传统观念的影响,我国农林院校的地位不高,经费不足,优秀生源匮乏的情况普遍存在;同时,学科点水平低、重复设立学科、教育资源配置不合理等现象,影响到了农业教育的发展,影响到了我国农业和农村现代化的发展。

#### 2.农业科研体系现状

我国农业科研体制经历了两次大的改革,在学科布局、运行机制和政府投入等方面取得了进展。目前,中国农业科研机构按照其所属的政府级别分为国家级、省级和地区级三个层次。国家级农业科研机构总数为60个,以农业部下属的农业科研机构为主。中国农业科学院是农业部下属的国家级农业研究单位,是目前中国农业科研体系中的中坚力量,有38个所(中心),职工1万人。中国林业科学院是隶属于国家林业总局的林业科研机构,下属的17个研究所分布在全国10个省份。其他国家级科研机构还有:中国水产研究院、农业环境保护研究所和农业工程设计院等。此外,农业部农垦局下辖几个专门为大农场服务的研究所。以上这些科研单位主要从事应用基础研究,侧重解决生产上具有战略性、基础性和综合性的问题。我国现有30个省市区设立了省级农业科研机构,有452个研究所,职工6.1万人,其中约有3.5万人直接从事科技活动,占全国总数的51%左右。省级农业科研机构主要从事应用研究和开发研究。地市级的科研机构拥有626个研究所,职工总数为4.5万人,其中从事科技活动的人员有2.5万人,约占全国总数的37%左右O,这些科研单位以开发研究为主,在所在省区的统一规划下,结合当地特色开展应用研究工作。我国农、林、牧、渔业科研机构从业人员9.7万人,科学活动人员7.3万人;高等院校从业人员245万人,科学活动人员58万人;高等院校普通本、专科在校大学生202.1万人。

我国农业科研投资出现了快速增长的势头,投资强度增大。全国农业科研机构的经费总收入(政府拨款和创收收入)从79亿元增长到了130亿元(现价),扣除物价增长因素后,年均实际增长10.3%。其中,政府拨款从53亿元增长到108亿元,年均实际增长高达15%。

3.高校农业推广的特点

与政府农业科技推广体系相比,高校农业科技推广有其自身的特点。第一,推广队伍数量庞大且多数受过良好教育,具有很强的科研、推广和创新能力;推广活动更具实效性,缩短了从农业科研到生产应用的周期,有利于加快成果转化应用,提高农业科技推广效率。

第二,主要职责不是农业科技推广服务,他们参与农业科技推广活动主要是响应政府的号召,依据的是个人兴趣和责任感,自身所属机构或组织对其农业科技推广服务工作及效果没有硬性要求。

第三,农业科技推广服务活动多数是短期任务,项目或活动结束则推广服务工作结束。很多农业科技推广服务活动是浅尝辄止,没有深入开展,从而使得活动效果欠佳。如,每年举行的大学生科技下乡活动,缺乏事前调查和与农民的深入沟通与互动,对产前信息、产后销售、加工、贮藏等服务不足,临时性的科技下乡活动,存在客观上宣传效果大于实际效果的现象,对农民的实际问题解决帮助不大。

第四,所进行的农业科技推广服务工作缺少统一的管理与监控。据统计,我国高校每年取得的科技成果有6000~8000项,但真正实现成果转化与产业化的却还不到10%,而在发达国家这一比率为50%左右。这说明我国农业科技成果转化环节还比较薄弱,农业高校参与农业科技推广潜力巨大。目前,由于缺乏良好的管理与动力,致使农业高校的农业科技推广服务潜力远远没有得到发挥。

**(二)高校农业科技推广的优势**

农业高校作为农业科技创新的研发基地、科技成果的产出地和农业科技人才的培养基地,具有开展农业科技推广工作的天然人力资源和智力资源。既可以提供现成技术、新成果、新知识,又能为农业研究和推广培养大批的科技人才,发挥教学基地的示范作用,对农业科技成果转化和技术推广起到支撑作用。农业高校进行农业科技推广具有得天独厚的优势,是新时期加快农村建设、促进农民增收、实现农业经济发展的重要保证。

1.科研信息优势

随着经济的发展,科技逐渐成为推动社会发展的主要力量,在全面建设小康社会和大力推进社会主义新农村建设的进程中,大学作为我国农业科技创新的主体,能够向生产领域提供所需的各种先进技术,满足农业发展对技术需求,具有独一无二的技术优势,在农业科技进步中起着举足轻重的作用。

第一,高校的科研建设有比较固定经费来源,完备的教学、科研设施,丰富的科研基础,这些都为农业科技及其推广提供良好的发展条件。农业大学不仅有源源不断的科研成果可供推广应用,而且还有比较齐全的多学科综合的科技优势。许多农业新品种、新技术与新方法都是从农业高等院校的实验室走向生产实践的。据中国农业部科技司统计,全国农业大学有30多个国家级重点学科和一大批省部级重点学科,四个国家级重点实验室和一大批省部级重点实验室,平均每年有300多项科技成果获得省部级以上奖励。已由27%提高到35%,科技对我国农村经济增长的贡献率已达42%,已经成为推动农业科技发展的主力军。另据对我国1212种科技期刊的统计表明:在农学、畜牧兽医、水产学和林学等学科中,农业大学所发表的科技论文数分别占到国内相关论文数的41.78%、56.64%、40.36%和54.75%,平均占45.62%,各项都分别领先于同类学科,是最大的创新源头。在"科教兴农"战略思想的指导下,农业高校先后转让重大科技成果915项,大部分已在农业生产中获得应用,且取得巨大的经济效益和社会效益。

第二,农业大学掌握着国内、外最新农业科技信息和动向,有利于选择并推广最先进的实用农业技术,为试验示范基地以及农户提供最具创新性、前沿性、实时性的信息提供了保障;同时,农业高校拥有丰富的相关文献资源,这为基地和农户更新知识、改变观念、了解相关信息提供了便利,使得农业高校在农业试验示范推广方面具有明显的优势。

第三,农业大学拥有规模性的科技研发中心、高新技术示范园区和教学科研基地,可实现对农业科技成果的试验、示范和推广,具有较强的示范辐射作用。

2.人力资源优势

人才保障是我国农业科技推广的重要支柱。我国农业大学学科专业齐全,人力资源和智力资源丰富。我国农业高校的人力资源优势可以改善农业科技推广人员的知识结构与素质,应积极承担起为国家经济建设和社会发展服务的重任。充分利用大学的资源优势,通过多种形式参加农业科技推广活动,将对地方农村经济发展起到很大的推动作用。

第一,农业高校是我国农业科技人才最丰富的单位,它不但拥有农业相关领域丰富的相关的教授、研究员等专家学者,农业高校培养的研究生、本科生等也是促进农业科技进步与转化的重要力量。农业大学为农业科学研究和科技推广培养大批的高层次科技人才与管理人才。全国高校毕业生人数就达到400多万人,其中,农科类毕业生为总人数的5%左右。许多农业大学开办农业推广专业,并在农业经济管理硕士、博士点上招收农业推广方向硕士生和博士生,形成了博士生、硕士生、学士生的农业推广教学与科研体系。第二,我国农业大学拥有庞大的科技队伍。据统计,全国有近70所农业院校,有专任教师2.52万人,其中教授、副教授0.88万人,占教师队伍总数的35.1%。共招收本专科生106671人,在校生266778人;招收研究生4195人,在校研究生9772人,其中在校博士生2499人,而且招生规模和在校生规模仍逐年扩大。

3.教育培训优势

农业大学师资力量雄厚,教学设施先进,是农业教学、科技和农业管理人才的培训中心。农业大学已建立了以普通高等学历教育为主,多层次、多形式的人才培养模式,通过函授、自考、继续教育、干部培训、实用技术培训等多种形式的成人教育,为农村培养农业技术人员、农民骨干,带动地方经济发展,增加农民收入。同时,通过大学的教育和培训,提高了广大农民的科学文化素质,对于农村剩余劳动力的转移和"三农"问题的解决都具有积极的推动作用。

4.实践优势

农业科研具有很强的生产实践性,长期的农业科研经历,造就了高学术水平与丰富实践经验的结合。

(1)农业大学实行产学研相结合,在社会实践、社会服务方面具有近距离的优势。大学的专家教授利用自有的技术成果,直接面向农民开展试验示范、咨询指导服务,有效地实现了科技供给与需求的直接对接,具有善于解决生产实际问题的能力优势,使新成果能以最快、最有效的方式传递到农民中去,提高了农业科技成果转化率。

(2)科研人员在推广农业技术中,能及时发现制约农业发展的新问题,掌握农业生产对科技成果的最新需求,从而及时调整科技创新方向和重点,增强技术的针对性和实用性,有助于改进和完善技术,推进农业科技的再创新。

(3)高校教师通过深入生产实践,可直接发现和收集生产中存在的实际问题,丰富其教学内容,缩短教学与实践距离,打破了大学与社会脱离的封闭状态,提高农业大学人才培养质量,使其人才培养和学术研究成果更加适应中国社会需求。

从以上分析可以看出,大学是知识、人才、信息的创新源和辐射源,对科技的发展和社会的进步具有巨大的推动作用。现代社会经济的发展已为农业院校赋予了教育教学、科学研究和社会服务等多功能发展新的内涵,现代农业大学将在国家和区域经济社会发展中发挥重要的作用。农业大学参与农业科技推广是有充分的条件、足够的能力和巨大的潜力的,农业大学完全能够成为农技推广的中坚力量。

### (三)高校农业科技推广的现实瓶颈

农业高等院校是培养高层次农业人才、研究与推广农业科技的重要基地,与我国农业和农村经济发展息息相关,肩负着支撑现代农业发展和社会主义新农村建设的重要使命,是农业科技推广主体的重要组成部分。然而,长期以来,拥有丰富的人才和科技资源的农业高等院校,由于诸多因素的制约,科技成果始终处于学术地位,没有得到广泛的推广和应用,科技对经济的贡献度远远低于发达国家。随着科教兴农和新农村建设战略的实施,尽管农业高等院校在人才培养、学科建设、专业设置等方面进行了一系列的改革,取得了明显成效,但大学农业科技推广仍然存在诸多问题。

1.缺乏体系支撑

在全面建设小康社会和积极推进社会主义新农村建设的进程中,大学逐步承担起为国家经济建设和社会发展服务的重任。但在我国现行的农业科技推广体制下,国家只是鼓励大学参与多元化的农技推广服务,并没有赋予大学具体的推广职能,大学有组织的农业科技推广工作长期游离于政府推广体系之外,高校的推广工作缺乏制度保证和体系支撑,其推广优势和潜能并没有完全发挥出来,很大程度上浪费了大学的农业科技推广能力,制约了我国现代农业的发展。

首先,无论是农业大学还是科研院所,它们的主要工作都不是科技推广服务,国家也没有从法律层面规定它们推广服务的职责,也没有从政策上提供相应的经费、人员等工作保障。

其次,农业大学没有形成层次化、网络化农业科技推广体系,造成面向全社会开展农业技术推广工作显得势单力薄。

最后,农业高校科技成果转化的沟通方式不畅,农业大学与各种推广"组织之间一直没有建立起稳定分工与协作机制。农业大学推广组织与基层农村技术推广组织之间缺乏有效的沟通和联系,造成技术供求脱节;农协组织、涉农企业与农业大学没有建立起有效的对接机制;由于缺乏有效的技术政策引导,农协及农业龙头企业在科技服务档次、规模以及与农户结合的机制上很难适应农户发展的需求。因此,农业高校在进行农业科技推广时必须采取各种措施、制定各种政策来理顺与协调基地、高校、政府、企业、农户之间的关系。

2.资金投入不足

农业大学的社会公益性质虽然已逐渐成为共识,但为社会提供公共产品、履行公共服务的职能定位还不够清晰,影响了公共财政的稳定支持,造成农业大学缺乏制度化的、有保障的资金支持渠道。目前,我国多数高等农业院校经费来源主要依靠财政拨款,而政府对高等农业院校经费投资不足,各地农业高校经费普遍紧张。

首先,政府对农业院校的投入力度小,使高等农业院校总体上基础设施较差,现代化设备水平低,办学条件亟待改善。如,国家"211工程"重点建设的95所大学中,仅有五所农林大学,占5.3%;而国家"985工程"一期重点建设的34所大学中,没有农业高校;"985工程"二期建设的38所大学,农业高校仅有两所——中国农业大学和西北农林科技大学。这种状况与高等农业教育在我国经济社会发展中应有的战略地位极不相称。

其次,我国农业科研投资强度(农业科研投资占农业国内生产总值的百分比)低,到农业科研投资强度也仅为0.56%,远低于全国所有行业科研投资强度的平均数(2.87%)。在农业科研投入中,政府财政对农业科研的拨款为108亿元,政府的投资强度为0.47%,低于政府对全社会科研的总投资强度(0.66%)。同其他国家相比,我国目前的农业科研投资也仅相当发达国家政府平均农业科研投资强度(2.36%)的20%,政府农业科研投资强度世界平均水平(0.80%)的60%。

再次,农业院校创建的示范基地大多依靠科研项目、成果转化项目和创收经费来维持,缺乏长期稳定的财政资金支持,由此导致了示范基地规模小、质量标准不高和发展不平衡等问题的产生,直接影响了其示范与推广的效果。

最后,美国大学农技推广资金是按照40%的研究、40%的教学、20%的推广比例来分配的。国内高校传统的农技推广组织存在着重科研、重教育、轻推广的现象,用于公益性农技推广的专项推广资金往往被挪用到科技研究和教育事业上,导致农业科技高输出率和成果低转化率并存。此外,由于缺乏配套的扶持政策,农业院校常常面临土地征用和长期流转政策难以落实的情况,这些都是一直困扰农业科技示范基地建设的关键问题。通过国家政策扶持,拓宽经费来源渠道是今后农业高校教学、科研、推广体系发展的方向。

3.基层农技推广力量薄弱

虽然农业高校的科技成果积累雄厚,但专职或长期从事农业推广工作的人员较少,教学科研人员开展的科技服务活动更多的是结合教学科研的需要,以解决某个具体科研问题和进行某个科研项目为目的。因此,高校科技推广队伍不稳、人数偏少,综合性农业科技示范推广人才缺乏,基层农技推广力量薄弱。

首先,农业院校的教学工作以相对固定的教学模式循环进行,课程内容相对陈旧,教师的知识更新不能及时跟上现代农业发展要求,学生知识面狭窄。其次,长期以来高等农业院校教学、科研、推广三者相互脱节,学生实习环节薄弱,实践能力不强。

最后,农业推广的工作环境艰苦、待遇相对较低,导致农业高校及科教人员从事科技推广的积极性整体不高;对推广人员的激励机制不健全,推广人员在福利待遇、职称晋升等方面没有享受与教学科研人员同等的待遇,造成推广人员缺乏进行推广的积极性。

由于缺乏良好的管理与动力,致使高校农业科技推广服务潜力远远没有得到发挥。很多农业科技推广服务活动是浅尝辄止,没有深入开展,从而使得活动效果欠佳。因此,市场经济体制下的农业科技成果转化、推广工作需要建立一支能创新、善推广、懂经营、会管理的复合型人才队伍。

4.农村劳动力素质低

农民作为农业技术创新成果的需求者和使用者是农业科技推广应用的重要主体之一。但是我国现有农村劳动力受教育程度不高、总体素质偏低,这在很大程度上制约了农业科技的普及与推广应用。《中国人口与就业统计年鉴》统计显示,我国具有乡村人口7.2亿人,占总体人口的54.32%;第一产业从业人员30654万人,占全国就业人员年末总人数39.6%;我国农业从业人员中94%农业从业人员的文化程度在初中及初中以下,受过高中.及高中以上教育的人员的比例不到总体的6%;据西南财经大学中国家庭金融调查与研究中心的调查,我国农村文盲和半文盲的比例较高,初中及以下学历的比例高达80%,高中以上文化的不到19%,还有29%的是小学文化程度。在农村15~40岁的青壮年中文盲、半文盲占22.5%,小学和初中文化的占70.16%,构成了农村劳动力的主体。农村各类专业技术人才仅占农业劳动力的0.71%,接受过短期培训的只占20%,受过初级和中级职业技术教育培训的占3.6%,而未经技术培训的高达76.4%。由于文化素质的限制,农民缺乏接受新知识、应用新技术的能力,缺乏科学管理能力,直接影响着农业科技成果的转化和在农业生产中的使用,制约了农业生产率的提高和农业推广目标的实现。

5.高校提供的科研成果与农民技术需求严重脱节

高校在农技推广中更多地关注是否将最新的农技成果传授给农户,与农户之间的交流互动较少,获取农技需求信息渠道有限,导致高校农技输出和农户农技输入的期望成效不匹配。多项研究表明,国家农业科研立项和农业科研人员的科研选题都同农民的技术需求严重脱节。例如,农民对蔬菜水果种植、畜牧水产养殖、优质品种和栽培、病虫害防治、劳工节省、施肥等方面的技术需求显著增长,但对政府管理部门和科研单位的调查则表明,农业科研项目的设置和研究目标并没有因农民技术需求的变化而相应发生显著的变化。农业科技推广的实践表明,农民对生产内容与技术的选择更加科学合理,具备很好的可持续性和低风险性,最符合农民的长远利益。因此,一方面应该协助农民尽快解决目前正面临的问题,为农民提供更好的产前产中产后服务,使农业科技发展能适应农业生产发展的需要,能更好地满足农民对各种技术的需求;另一方面,应该站在更高的角度,通过培训对农民进行引导和启发,帮助农民逐渐提高自身素质和能力,发挥农民在农村农业发展中的主体作用。

6.农业科技人才培养问题

当前农业科技人才总量不足,结构不尽合理,创新性人才缺乏,激励机制问题突出。我国实行家庭联产承包责任制决定了农业分散经营的特点。我国农民人数众多,每个省有数千万的农户,目前的高等农业院校根本无法满足农民对科技推广服务的需求。我国高等教育以城市经济为依托的"一元结构"特征,使得高等教育机构主要分布于各大中城市,农村地区缺乏为农村、农民和农业培养人才,服务于本地方发展的高等教育。

因此,面对未来激烈的竞争,中国农村的教育任务绝非仅仅九年义务教育所能满足,建立和完善农村地区高等教育体系,发展符合"三农"实际需要的高等院校,培养农村"留得住、用得上、用得好"的实用型人才,构筑农业科技创新人才队伍是摆在我们面前的十分紧迫的任务。要加大对农业院校以及农业科研机构的指导和支持,着力培养农业科技的领军人才和科技的创新团队,努力抓好农业知识创新平台、农业技术创新平台、农业科技传播平台、农业科技应用平台和环境支持平台建设,还需要加强科技管理体制改革,充分调动科研人员积极性,合理配置我国农业科技人才资源。

# 第十章 "互联网+"现代农业前景展望

"互联网+"现代农业发生深刻变化,对我国农业的转型升级带来深远影响,因此本章详细讲述了对"互联网+"现代农业前景的美好展望。

## 第一节 "互联网+"现代农业发展迎来重大战略机遇

是信息化引领农业创新、构筑发展优势的重要战略机遇期,是我国信息化与农业现代化深入融合的关键窗口期,"互联网+"现代农业在发展环境、技术创新、产业业态和创新创业将发生深刻变化,对我国农业的转型升级带来深远影响。

### 一、"互联网+"现代农业发展环境将持续向好

中国国家信息化发展指数在世界上的排名第36位迅速攀升至第25位,在全球新一轮科技革命和产业变革中,中国互联网与各领域的融合发展具有广阔前景和无限潜力,已成为不可阻挡的时代潮流。

高度重视"互联网+"现代农业发展。发布《关于积极推进"互联网+"行动的指导意见》,把农业作为11项重点行动之一,并摆在突出重要位置,明确提出要构建新型农业生产经营体系、发展精准化生产方式、提升网络化服务水平、完善农副产品质量安全追溯体系等四项关键任务。根据部署要求,农业部联合国家发展改革委等部门印发了《"互联网+"现代农业三年行动实施方案》,提出互联网与"三农"的融合发展取得显著成效,农业的在线化、数据化取得明显进展,管理高效化和服务便捷化基本实现,生产智能化和经营网络化迈上新台阶,城乡"数字鸿沟"进一步缩小,大众创业、万众创新的良好局面基本形成,有力支撑农业现代化水平明显提升。

### 二、"互联网+"现代农业技术创新步伐将不断加快

在信息社会,"互联网+"、物联网、大数据、电子商务等新技术的更新换代将日益加快,驱动网络空间从人人互联向万物互联演进,使得数字化、网络化、智能化成为技术演进的重要趋势。

农业物联网技术的发展将引发我国农业生产智能化全新的变革。农业物联网的广泛深层次应用,能够促进农业生产方式向高产、高效、低耗、优质、生态和安全的方向转变。现代农业的需求和当代社会的发展决定了我国农业物联网的发展将呈现出以下趋势。低成本、小型化与移动性感知设备成为农业物联网应用的关键。目前,农业中应用的传感器件,大多成本高、耐用性差、使用频率短,而将来平板电脑、智能手机、定制设备等智能移动传感设备将向着低成本、操作简便、功能强大等方向演进,这也将决定农业物联网产品在多大范围内普及应用。智能化数据处理成为农业物联网发展的前沿。物联网的核心是对数据的处理和分析,并最终用来辅助人类的决策行为。而数据的分析处理涉及到人工智能、概率论、统计学、机器学习、数据挖掘以及多种相关学科的综合应用以及计算机建模与实现,是当代信息技术的核心与前沿,是"智能化"的源泉和动力,只有实现了智能的数据处理,农业物联网才能真正地展现出其巨大潜能。与时间和空间要素的结合成为农业物联网扩展应用的重点。时间和空间特征是农业系统的固有属性,离开了时间和空间要素,农业数据和信息的处理就会发生偏差和谬误。未来农业物联网应用系统必将实现与时空信息的集成与融合,实现灵活的时空信息环境下的数据分析与处理,提高农业决策的精确程度。统一的应用标准体系将成为农业物联网的基础。相关工作标准、管理标准和技术标准的缺乏,已成为影响农业物联网发展的首要问题和制约物联网在现代农业领域发展的重要因素。大数据技术创新将驱动农业监测预警快速发展。农业大数据科学对数据处理、模型系统和服务能力建设等方面提出了挑战,亟需开展以下技术研究:第一,大数据基础理论研究。亟需围绕数据科学理论体系、大数据计算系统与分析理论、大数据驱动模型应用等重大基础研究进行前瞻布局,开展数据科学研究,引导和鼓励在大数据理论、方法及关键技术在农业上开展探索应用。第二,海量数据标准化组织管理技术。完成海量数据的存储、索引、检索和组织管理,突破农业异质数据转换、集成与调度技术,实现海量数据的快速查询和随时调用,实现耕地、育种、播种、施肥、植保、农产品加工、销售等环节数字、文字、视频、音频等不同格式、不同业务载体数据标准化统一化组织管理。第三,构建安全可靠的农业大数据技术体系。加强农业农村海量数据存储、清洗、分析发掘、可视化、安全与隐私保护关键技术攻关,围绕病虫害综合防治、粮食产量预测等重点领域,形成农业农村大数据应用产品和应用模式。

### 三、"互联网+"现代农业新兴业态将不断涌现

农村改革持续推进,"互联网+"新业态不断涌现、数字红利持续释放,成为"后金融危机"时代经济可持续发展的重要新引擎。今后"互联网+"将与农业电子商务、农业生产资料、休闲农业及民宿旅游、美丽乡村建设等深入结合,催生出大量新产品、新业态,为农业转型升级注入强劲驱动力。

"互联网+"乡村旅游,将促进农村绿色生态发展和农民持续增收。互联网+乡村旅游将成为解决"三农"问题最直接有效的途径之一。全国休闲农业和乡村旅游接待游客超过22亿人次,营业收入超过4400亿元,从业人员790万人,其中农民从业人员630万人,带动550万户农民受益。未来"互联网+'乡村旅游将从更广更深的范围催生众多新兴业态和商业模式。一是通过对农村资源、生态、环境的监测,促进生态环境数据共享开放,将加快生态优势转化为经济优势;二是通过互联网推进特色乡村旅游景区推介、文化遗产展示、食宿预定、土特产网购、地理定位、移动支付等资源和服务在线化,将进一步加快乡村旅游资源的开发,民宿旅游经济的发展和农民的增收。

## 四、"互联网+"现代农业创新创业将大有可为

互联网日益成为引领创新、驱动转型的先导力量,"互联网+"现代农业和新农民创业创新大有可为。全国"互联网+"现代农业暨新农民创业创新论坛,充分展示了"互联网+"现代农业和新农民创业创新成果,发布推介了"互联网+"现代农业百佳实践案例和新农民创业创新百佳成果。这是新阶段对农民创新创业的肯定,也是对加快建设现代农业、全面建成小康社会作出的积极贡献。

"新农民"群体的涌现让"农民"成为体面、有尊严的职业。虽然农村永远不会比城市繁华,但农村的青山绿水却比城市的钢筋混凝土更让人亲近。越来越多的农民工、大中专毕业生,甚至是商界精英、海归开始返乡从事农业创业创新,成为"新农民",这个群体具有互联网的思维、受到了工业化的训练,懂得现代信息技术、能够触网营销,借助互联网的力量和信息技术的作用,鼠标轻松种田代替了"一滴汗珠摔八瓣"的辛苦劳作,互联网直销预售代替了"走街串巷赚吆喝","机器换人"也正在逐渐成为现实,越来越多以"泥腿子"为标志的农民将会过上"十指不沾泥"的生活。"互联网+"新农民,改变了传统农业的发展模式,推动了农业农村信息化水平不断提升,让广大农民群众在分享信息化发展成果上有更多获得感,让"农民"从身份称谓回归到了职业称谓,越来越成为令人羡慕的职业。

农民创新创业将拥有广阔空间。一是创业人数越来越多,创业新热潮正在形成。返乡创业人数增幅均保持在两位数左右,目前农民工返乡创业人数累计已超过480万,大学毕业生返乡创业比例达1%;二是农村广阔的天地为创新创业提供了基础支撑。预计中国农村网民将超过3亿,作为非常重要的网络群体,农村的潜在价值巨大,也亟待开发。乘着"互联网+"发展浪潮,特色种养业、农产品加工业、休闲农业和乡村旅游、信息服务、电子商务、特色工艺产业将释放巨大的发展潜力。浙江省遂昌县将农业电商作为县域经济发展的重要引擎,电商搭台茶叶、猪肉、禽肉远销国内外,全县农特产品网络销售额5.48亿元,同比增长33.7%;甘肃成县依托核桃、中药材等特色产业,走上了电商扶贫的路子,全县676个网店中有350个与3682户贫困户、13255名贫

困人口建立了结对帮扶关系,共销售贫困户农产品1120万元,实现人均电商扶贫纯收入294元。互联网催生的经济新模式,让农民在信息时代的创新创业中共享现代化的发展成果。

## 第二节 "互联网+"现代农业发展面临的挑战

尽管我国农业在互联网技术、产业、应用以及跨界融合等方面取得了积极进展,但也要看到我国现代农业发展仍然面临农业发展内外部环境约束增多,农业产业体系与"互联网+"融合不够,农业信息技术自主创新和有效应用能力不足、新兴业态发展面临体制机制障碍、农业互联网跨界融合型人才严重匮乏等问题和挑战。

### 一、现代农业发展的内外部环境更加复杂

农业转型升级的内外部环境约束增多。我国经济发展进入新常态,经济正处于速度换挡、结构优化、动力转换的关键节点,农业不仅面临传统要素优势减弱和国际竞争加剧双重压力,而且还面临稳增长、促改革、调结构、惠民生、防风险等多重挑战。国际上全球新一轮科技革命和产业变革蓬勃兴起,全球经济"多元化、互联化"进一步加深,国际贸易网络变得更加复杂,我国农产品面临进口的持续冲击,全球经济逐步分化、农业发展新的不确定因素增多。

我国农业转型升级面临诸多发展难题,挑战明显增多。一是资源环境约束日益趋紧,农业发展方式亟待转变,全要素生产率和产品质量和产能效率仍然偏低,要实现化肥农药使用量零增长,迫切需要运用信息技术优化资源配置、提高资源利用效率,充分发挥信息资源新的生产要素作用;二是居民消费结构加快升级,有效供给不足,农业供给侧结构性改革任务艰巨,迫切需要运用信息技术精准对接产销、提升供给的质量效益和竞争力,充分发挥信息技术核心生产力的作用;三是农业小规模经营长期存在,规模效益亟待提高,迫切需要运用信息技术探索走出一条具有中国特色的农业规模化路子,充分发挥互联网平台集聚放大单个农户和新型经营主体规模效益的作用;四是农产品价格提升空间有限,国际贸易冲击加剧,转移就业增收空间收窄,农民持续增收难度加大,迫切需要运用信息技术促进农村大众创业万众创新、发展农业农村新经济,充分发挥"互联网+"开辟农民增收新途径的作用。

### 二、农业产业生产经营体系与信息化融合不深

现代农业产业体系、现代农业生产体系、现代农业经营体系是推进农业现代化的三个重点。经过努力,我国农业现代化建设取得巨大成就,但农业还是现代化建设的短腿,农村还是全面建成小康社会的短板。在信息化时代,三大体系与"互联网+"的

融合还不够深入。

现代农业产业体系与"互联网+"的融合不深。我国初步形成了区域化布局、专业化生产、产业化经营的现代农业产业格局。畜牧业产值约占农业总产值的1/3,主要农产品加工转化率超过60%,各类休闲农业经营主体超过180万家。但与现代农业发展要求相比,我国农业产业体系还存在资源环境匹配度不高、粮经饲统筹不够、种养业结合不紧、农产品精深加工能力不强、流通体系效率不高、低端农产品过剩和高端优质农产品不足并存等问题。"互联网+"为主的新型信息技术恰恰在提质增效、互联互通和产业协同上具有天然的优势,但是从我国农业产业的发展来看,利用"互联网+"加强一二三产业融合的水平依然有限,利用电子商务提升产销对接的能力依然不足,利用信息化技术优化农业产业布局的能力依然没有完全发挥,利用信息流跟踪农业生产、加工、储藏、包装、流通、销售全产业链,保障食品质量安全可追溯的应用能力依然有待提高。

现代农业生产体系与"互联网+"的融合不够。农田灌溉水有效利用系数达到0.532,主要农作物化肥利用率为35.2%,主要农作物农药利用率为36.6%,农膜回收率为60%,养殖废弃物综合利用率为60%,农作物耕种收综合机械化率为63%,我国农业生产已经取得了显著的进步,但是与实现农业现代化的标准相比,我国农业生产手段仍显落后,中低产田仍占相当比重,农机农艺、良种良法与信息化的融合不够,新技术应用仍然偏少。例如在农业物联网应用上,我国仍然缺少可推广、可复制的应用模式,缺乏基于环境感知、实时监测、自动控制的网络化农业环境监测系统。在大宗农产品规模生产区域,实施智能节水灌溉、测土配方施肥、农机定位耕种等精准化作业的条件依然不足。在畜禽标准化规模养殖和水产健康养殖上,饲料精准投放、疾病自动诊断、废弃物自动回收等智能设备的应用普及还不够深入。

现代农业经营体系与"互联网+"的融合不够。适度规模经营快速发展,新型农业经营主体大量涌现,全国土地规模经营面积占到40%,家庭农场、种养大户、合作社及龙头企业已达到250万家。但是与之配套的集约化、专业化、组织化、社会化现代农业经营体系依然滞后。新型经营主体利用"互联网+"提升经营化水平的需求迫切,但是在利用"互联网+"、信息化技术手段,开展病虫害统防统治、测土配方施肥、农机作业、养殖业粪污专业化处理等服务上的水平有限,这已经严重制约了现代农业经营水平的提升。

## 三、农业信息技术应用能力不足

创新是农业现代化的第一动力,应用是推进农业发展的重要途径,但我国农业发展在技术创新与应用上,依然存在原创能力不足、支撑应用的能力不足、技术稳定性差、应用成本过高和成果转化应用水平不高等问题。

一是适农信息技术支撑农业应用的能力相对不足。我国在农业物联网生命体信息感知、智能控制、动植物生长模型和农业大数据分析挖掘等核心技术尚未攻克,技术和系统集成度低、整体效能不强,对应用的支撑不够。以物联网为例,农业传感器核心技术和装备不足依然是制约我国农业物联网发展推广应用的短板。传感器研发上具备自主知识产权的原始创新有待加强,核心传感探头元件精度和稳定性有待提高。

二是农业信息技术应用成本仍较高。目前部分信息器件的价格高、稳定性和量产能力不够。农业信息技术的实施和维护对资金投入的需求较大,无论是硬件设备的布局,还是软件平台的搭建都需要投入较大的资金。目前,市场上一套农业物联网传感器设备和相配套软件系统的价格从几千元到几万元不等。相比于种植收益普通农户无法承担。此外,农业的生产条件可控性较差,硬件实施环境恶劣,进一步加大了农业物联网的维护成本。由于高成本严重制约了农业信息技术应用的进程,目前农业信息技术的应用主要以政府主导的引导性示范和大型企业的前瞻性投入为主。

三是信息技术在农业上的转化动力不高。目前,我国农业产学研合作不够紧密,科学研究与实践需求对接不畅,科研机构的新型技术农民找不着、看不懂、用不上,农民真正需要的信息技术,科研机构和政府的推广程度又不够,这直接制约了我国信息技术在农业生产实践中的成果转化和推广应用。

## 四、农业新兴业态发展面临体制机制障碍

新兴产业业态对经济社会发展具有重大引领带动作用,但在初创阶段往往面临很多体制机制的束缚。

"互联网+"相关的标准和服务体系尚不完善。农业信息技术标准和信息服务体系尚不健全。通常信息产业一个完整产业链条涉及不同的设备提供商、芯片商、技术方案商、运营商、服务商,各个主体只有在一定的标准体系下才能够密切协作,合理分工,但目前农业信息化领域比较缺乏统一的标准体系。如在物联网上,由于国际上并无一个统一的物联网标准体系,不同厂商传感器测量标准不一,支持不同设备接口、不同互联协议、可集成多种服务的共性技术平台尚未成熟,这严重制约了技术的产业化水平。

政府市场监管滞后于新业态的发展。管理职能和机构队伍建设没有跟上农业农村信息化发展的需要。一是"互联网+"相关立法工作滞后,由于"互联网+"现代农业产生了很多新的实践,同时也带来了很多新的问题,如电子商务中的假货、虚拟网络中的诈骗等问题,现行的法律法规还未对网络安全、电子商务、个人信息保护等做出及时明确的规范;二是市场服务和监管制度、软硬件产品检验检测体系不健全。政府的监测设备跟不上市场的发展,导致监管无效,纵容了劣币驱逐良币现象的发生;三

是信用支撑体系不够完备。信用记录、风险预警、违法失信行为在农业领域尚无法实现在线披露和共享,这在一定程度上影响了政府对新业态的经济调节、市场监管、社会管理。

服务体制机制落后影响新业态发展。一是投融资机制尚不健全,政府与社会资本合作模式尚未破题,市场化可持续的商业模式亟需探索完善;二是部门壁垒、信息孤岛仍然存在,影响了信息资源开放和互联融通,新业态、新模式常常涉及多个部门的中间地带,由于信息不通,无法对接具体的部门,导致不知进那门,找谁办事的尴尬;三是缺乏宽松的发展环境。针对新业态,农业领域在放宽市场准入限制和实施农业互联网准入负面清单管理等方面依然需要进一步加快宽松、包容环境的营造,让资本进入农业、服务农业、提升农业。

### 五、农业信息跨界融合型人才相对缺乏

人才是现代农业发展的关键。但是我国农业农村信息化人才明显不足,"互联网+"现代农业跨界复合型人才更是缺乏,这严重制约了我国农业信息化的加快发展。

一是思想认识亟待提升。客观上,我国农业正处在由传统农业向现代农业转变的阶段,信息化对农业现代化的作用尚未充分显现。各级农业部门对发展农业农村信息化的重要性、紧迫性的认识有待深化,关心支持农业农村信息化发展的社会氛围有待进一步形成。

二是农业信息化学科群和科研团队规模偏小,任务过重,领军人才和专业人才匮乏,这严重影响了信息成果的创新和转化能力和水平。基层科技人员技术层次较低,农民素质不高。在广大农村地区,基层农技人员存在技术层次较低,知识面过窄,知更新速度慢的特点,大多数乡镇农技人员只懂得一些传统的种养技术,而对于新技术、新品种等现代农业科技掌握不够,对涉农法律法规、市场经济理论、管理科学等知识知之甚少。

三是新型职业农民的培育工作需要进一步加强。农民是农业农村的主人,是应用"互联网+"改造"三农"的主力军。目前,我国在加强对农民的信息技术、职业技能培训,提高农民生产技术和经营管理能力的措施仍然较少,在鼓励和引导各类科技人员、大中专毕业生、返乡农民工、退役士兵等到农村创业创新上的鼓励政策仍然滞后于其他行业,在不断壮大新农民队伍,培育新型职业农民的政策措施上仍有很大的空间。

## 第三节  "互联网+"现代农业发展应对措施

推进"互联网+"现代农业是重大决策,是顺应信息经济发展趋势、补齐"四化"短

板的必然选择,是全面建成小康社会、实现城乡发展一体化的战略支点,对加快推进农业现代化、实现中华民族伟大复兴的中国梦具有重要意义。"互联网+"现代农业是一项庞大的系统工程,需要加强顶层设计、组织管理、重点任务、人才队伍等方面系统谋划、统筹部署、协同推进。

### 一、加强顶层设计,强化组织领导

加强顶层设计,加快统筹推进。全面贯彻农业农村经济工作新理念,主动适应把握引领经济新常态的大逻辑,紧紧围绕推进农业供给侧结构性改革这一主线,进一步完善"互联网+"现代农业的顶层设计、细化政策措施。遵循农业农村信息化发展规律,增强工作推进的系统性整体性,统筹各级农业部门,统筹农业各行业各领域,统筹发挥市场和政府作用,统筹发展与安全,立足当前、着眼长远,上下联动、各方协同,因地制宜、先易后难,确保农业农村信息化全面协调可持续发展。

加强组织领导,推进协作协同。建立"互联网+"现代农业行动实施部际联席会议制度,统筹协调解决重大问题,切实推动行动的贯彻落实。联席会议设办公室,负责具体工作的组织推进。建立跨领域、跨行业的"互联网+"现代农业行动专家咨询委员会,为政府决策提供重要支撑。瞄准农业农村经济发展的薄弱环节和突出制约,把现代信息技术贯穿于农业现代化建设的全过程,充分发挥互联网在繁荣农村经济和助推脱贫攻坚中的作用,加快缩小城乡数字鸿沟,促进农民收入持续增长。

加大实践探索,注重经验总结。各地区、各部门要主动作为,完善服务,加强引导,以动态发展的眼光看待"互联网+",在实践中大胆探索创新,相互借鉴"互联网+"融合应用成功经验,促进"互联网+"新业态、新经济发展。有关部门要加强统筹规划,提高服务和管理能力。各地区要结合实际,研究制定适合本地的"互联网+"行动落实方案,因地制宜,合理定位,科学组织实施,杜绝盲目建设和重复投资,务实有序推进"互联网+"现代农业行动。

### 二、完善基础设施,夯实发展根基

加快实施"宽带中国"战略,建成高速、移动、安全、泛在的新一代信息基础设施。98%的行政村实现光纤通达,有条件的地区提供100Mbps以上接入服务能力,半数以上农村家庭用户带宽实现50 Mbps以上灵活选择;4G网络覆盖城乡,网络提速降费取得显著成效。通过推进宽带乡村建设,力争中西部农村家庭宽带普及率达到40%。

大力推进以移动互联网、云计算、大数据、物联网为代表的新一代互联网基础设施的建设。以应用为导向,推动"互联网+"基础设施由信息通信网络建设向装备的智能化倾斜,加快实现农田基本建设、现代种业工程、畜禽水产工厂化养殖、农产品贮藏加工等设施的信息化。构建基于互联网的农业科技成果转化应用新通道,实现跨区域、跨领域的农业技术协同创新和成果转化。

加快农村电子商务综合管理平台、公共信息服务平台、商务商业信息服务平台建设行动。把实体店与电商有机结合,使实体经济与互联网产生叠加效应。加快完善农村物流体系,加强交通运输、商贸流通、农业、供销、邮政等部门和单位及电商、快递企业对相关农村物流服务网络和设施的共享衔接。加快实施信息进村入户工程。搭建信息进村入户,这条覆盖三农的信息高速公路,把60万个行政村连起来,把农业部门政务、农业企业、合作社衔接起来,吸引电商、运营商等民营企业加入进来,为农民提供信息服务、便民服务、电子商务,实现农民、村级站、政府、企业多赢。

### 三、明确主要任务,推进重点工程

进一步落实《"互联网+"现代农业三年行动实施方案》中的11大任务。在生产方面,推进"互联网+"新型农业经营主体、现代种植业、现代林业、现代畜牧业、现代渔业、农产品质量安全,重点提升智能化生产水平,保障农产品质量安全;在经营方面,推进"互联网+"农业电子商务,促进产销对接,培育新兴业态;在管理方面,重点推进以大数据为核心的数据资源共享开放、支撑决策,着力点在互联网技术运用,全面提升政务信息能力和水平;在服务方面,重点强调以互联网运用推进涉农信息综合服务,加快推进信息进村入户工程;在农业农村方面,加强新型职业农民培育、新农村建设、大力推动网络、物流等基础设施建设。

通过重点工程建设,加快"互联网+"现代农业落地实施。一是推进农业物联网区域试验工程,促进农业生产集约化、工程装备化、作业精准化和管理数据化;二是实施农业电子商务示范工程,融合产业链、价值链、供应链,构建农业电子商务标准体系、进出境动植物疫情防控体系、全程冷链物流配送体系、质量安全追溯体系和质量监督管理体系;三是推进信息进村入户工程,力争覆盖10万个以上行政村,并在东部、中部、西部地区,选择信息进村入户基础较好县(市),建立标准化、可复制的县级服务站点100个,辐射带动建设村级信息综合服务站20000个;四是推进农机精准作业示范工程,促进互联网与农机作业融合,促进我国农机装备信息化产业链的发展,带动传统产业升级改造;五是开展测土配方施肥手机信息服务示范工程,配合"化肥使用量零增长行动"和测土配方施肥工作,加快测土配方施肥手机信息服务试点示范;六是加快农业信息经济示范区建设,率先实现传统农业在线化、数据化改造,基本实现管理高效化和服务便捷化,生产智能化和经营网络化迈上新台阶,农业信息化综合发展水平超过60%。

### 四、培育信息经济,推动产业协同

推进信息经济全面发展。一是面向农业物联网、大数据、电子商务与新一代信息技术创新,探索形成一批示范效应强、带动效益好的国家级农业信息经济示范区;二是发展分享经济,加快乡村旅游、特色民宿与大城市消费人群的精准衔接,加大农机农具的共享使用,加快水利基础设施的共建共享;三是加快"互联网+"农业电子商务,大力发展农村电商进一步扩大电子商务发展空间。初步建成统一开放、竞争有序、诚信守法、安全可靠、绿色环保的农村电子商务市场体系,农村电子商务与农村一二三产业深度融合,在推动农民创业就业、开拓农村消费市场、带动农村扶贫开发等方面取得明显成效。

推动产业协同创新。一是构建产学研用协同创新集群,创新链整合协同、产业链协调互动和价值链高效衔接,打通技术创新成果应用转化通道;二是推进线上线下融合发展行动,推动商业数据在农业产供销全流程的打通、共享,支持数据化、柔性化的生产方式,探索建立生产自动化、管理信息化、流程数据化和电子商务四层联动、线上线下融合的农业生产价格模式;三是完善城乡电子商务服务体系。加大政府推动力度,引导电子商务龙头企业与本地企业合作,充分利用县乡村三级资源,积极培育多种类型、多种功能的县域电子商务服务,形成县域电子商务服务带动城乡协调发展的局面;四是开展"电商扶贫"专项行动,支持贫困地区依托电子商务对接大市场,发展特色产业、特色旅游,助力精准扶贫、精准脱贫。

## 五、加快技术创新,推进产业融合

打造自主先进的技术生态体系。一是列出核心技术发展的详细清单和规划,实施一批重大项目,加快科技创新成果向现实生产力转化,形成梯次接续的系统布局;二是围绕智慧农业。推进智能传感器、卫星导航、遥感、空间地理信息等技术的开发应用,在传感器研发上,瞄准生物质传感器,研发战略性先导技术和产品,研发高精度、低功耗、高可靠性的智能硬件、新型传感器;三是围绕农业监测预警,加强农业信息实时感知、智能分析和展望发布技术研究,时刻研判产业形势,洞察国内外农产品市场变化,提升中国农业竞争力和话语权;四是构建完整的农业信息核心技术与产品体系,打造"互联网+"现代农业生态系统。围绕"三农"需求加快云计算与大数据、新一代信息网络、智能终端及智能硬件三大领域的技术研发和应用,提升体系化创新能力。

加强信息技术与农业产业的融合发展。一是在生产上,加快物联网、大数据、空间信息、智能装备等现代信息技术与种植业(种业)、畜牧业、渔业、农产品加工业生产过程的全面深度融合和应用,构建信息技术装备配置标准化体系,提升农业生产精准化、智能化水平;二是促进农业农村一二三产业融合发展,重构农业农村经济产业链、供应链、价值链,发展六次产业;三是建立新型农业信息综合服务产业,大力发展生产性和生活性信息服务,加快推进农业农村信息服务普及和服务产业发展壮大。

## 六、培育人才队伍,强化智力支撑

加快培育懂现代信息又懂现代农业和市场营销的复合型服务人才。一是实施农村电子商务百万英才计划,对农民、合作社和政府人员等进行技能培训,增强农民使用智能手机的能力,积极利用移动互联网拓宽电子商务渠道,提升为农民提供信息服务的能力。有条件的地区可以建立专业的电子商务人才培训基地和师资队伍,努力培养一批既懂理论又懂业务、会经营网店、能带头致富的复合型人才;二是加强高端人才引进。通过人才引进政策和待遇落实机制,吸引专家学者、高校毕业生等网络信息人才投身"互联网+"现代农业,形成一批应用领军人才和创新团队。

加强储备梯次人才体系建设。一是完善农业农村信息化科研创新体系,壮大农业信息技术学科群建设,科学布局一批重点实验室,依托国家"千人计划"、"长江学者奖励计划"、"全国农业科研人才计划"等人才项目,加快引进信息化领军人才。加快培育领军人才和创新团队,加强农业信息技术人才培养储备;二是建立完善科研成果、知识产权归属和利益分配机制,制定人才、技术和资源及税收等方面的支持政策,提高科研人员特别是主要贡献人员在科技成果转化中的收益比例;三是实施网络扶智工程。充分应用信息技术推动远程教育,加强对县、乡、村各级工作人员的职业教育和技能培训。支持大学生村官、"三支一扶"人员等基层服务项目参加人员和返乡大学生开展网络创业创新,提高贫困地区群众就业创业能力。

# 参考文献

[1]张玉红编著.干旱半干旱地区优势农作物种植技术应用与推广[M].兰州:甘肃科学技术出版社.2017.

[2]贾秀锦主编.山西省主要农作物种植技术手册[M].太原:山西科学技术出版社.2020.

[3]彭金波,瞿勇,费甫华主编.现代薯蓣类农作物种植实用技术问答[M].武汉:湖北科学技术出版社.2019.

[4]杨易.主要农作物种植技术 英文版[M].北京:中国农业出版社.2016.

[5]曹宏鑫主编.互联网+现代农业 给农业插上梦想的翅膀[M].南京:江苏科学技术出版社.2017.

[6]汪波著.身边的农作物[M].武汉:武汉出版社.2019.

[7]王艳,王海主编.农作物栽培与管理[M].北京:九州出版社.2017.

[8]韩亚东,张怀志,孙周平.辽宁省主要农作物栽培技术[M].沈阳:辽宁科学技术出版社.2018.

[9]毛丹,胡锐,张俊涛,王震,吴秀婷.农作物科学用药手册 2017新版[M].郑州:中原农民出版社.2018.

[10]黄少学,王芙兰主编.主要农作物栽培技术[M].兰州:甘肃科学技术出版社.2016.

[11]秦永林,王亚妮,苏志芳主编;赵艳玲,王海伟,杨旸副主编.植物学理论及典型农作物的高效种植研究[M].中国原子能出版社.2019.

[12]李平,董红强著.植保机械技术研究进展[M].北京:北京工业大学出版社.2019.

[13]闫晓静,崔丽,袁会珠作.玉米病虫草害化学防治与施药技术规范[M].北京:中国农业科学技术出版社.2021.

[14]胥明山.粮食生产全程机械化技术与装备[M].北京:中国农业科学技术出版社.2021.

[15]赵中营主编.无人机植保技术[M].北京:机械工业出版社.2020.

[16]王金武,唐汉著.水稻田间耕管机械化技术与装备[M].北京:科学出版社.2020.

[17]殷延勃主编.宁夏水稻直播栽培技术问答[M].阳光出版社.2020.

[18]汪振荣,王计新,李肖婷.农机新技术推广应用研究[M].北京:中国农业科学技术出版社.2020.

[19]徐金德主编.农业机械维修[M].南京:河海大学出版社.2020.

[20]俞成乾编著.农业机械实用技术问答[M].兰州:甘肃科学技术出版社.2019.

[21]何雄奎编.中国农药研究与应用全书 农药使用装备与施药技术[M].北京:化学工业出版社.2019.

[22]吴剑,李钟华编.中国农药研究与应用全书 农药产业[M].北京:化学工业出版社.2019.

[23]陈廷云,吴兴,马万祥编著.现代农业机械化装备操作及维护[M].阳光出版社.2017.

[24]张岚主编.现代农业机械化技术[M].中国农业科学技术出版社.2019.

[25]辛国智.现代农业机械化 隆德县重点推广技术[M].阳光出版社.2018.

[26]杨立国,李小龙编.现代农业机械化技术 粮经作物机械化技术及装备[M].北京:中国农业科学技术出版社.2020.

[27]杨立国,熊波编.现代农业机械化技术 养殖产业机械化技术及装备[M].北京:中国农业科学技术出版社.2020.

[28]杨立国,张京开编.现代农业机械化技术 现代农机鉴定检测与监督规范[M].北京:中国农业科学技术出版社.2019.

[29]姬江涛,金鑫著.小型农业机械模块化设计技术[M].北京:机械工业出版社.2018.

[30]张培刚.农业与工业化[M].北京:商务印书馆.2019.

[31]赵飞编著.发展中的广州现代农业[M].北京:光明日报出版社.2017.

[32]陈锡文顾问;孔祥智主编.农业现代化国情教育读本[M].北京:中国经济出版社.2015.

[33]孙月强著.计算机技术与农业现代化[M].成都:电子科技大学出版社.2015.

[34]兰晓红著.现代农业发展与农业经营体制机制创新[M].沈阳:辽宁大学出版社.2017.

[35]高京平著.现代化的困境 巴西"三农"现代化历史进程及其对中国的启示[M].天津:南开大学出版社.2018.